教育部职业教育改革创新示范教材

焊接机器人
编程与操作

主　编　李荣雪

参　编　张　磊　姚　佳　高　青

机 械 工 业 出 版 社

本书是经过出版社初评、申报，由教育部专家组评审、教材遴选工作领导小组审定确定的首批"教育部职业教育改革创新示范教材"。本书主要介绍工业机器人的基本概念、分类和应用，工业机器人的基本结构及控制方法，并以销量世界排名第一的 ABB 弧焊机器人为例，介绍焊接机器人的编程与操作方法，以期达到触类旁通的目的，使学生在实际操作中学会焊接机器人的技能和基本知识。全书共 7 个项目，每个项目包含 1~2 个工作任务，项目内容包括学习目标、知识准备、任务实施、检测与评价、学后感言及思考与练习。项目的安排由浅入深，循序渐进。工作任务的完成基于工作过程，注重学生综合素质、职业能力和职业素养的培养。

本书可作为职业教育院校焊接专业教材和企业岗位培训教材，也可供相关技术人员参考。

图书在版编目（CIP）数据

焊接机器人编程与操作/李荣雪主编. —北京：机械工业出版社，2013.6（2025.1重印）

教育部职业教育改革创新示范教材

ISBN 978-7-111-35936-4

Ⅰ.①焊… Ⅱ.①李… Ⅲ.①焊接机器人-职业学校-教材 Ⅳ.①TP242.2

中国版本图书馆 CIP 数据核字（2011）第 192203 号

机械工业出版社（北京市百万庄大街 22 号 邮政编码 100037）

策划编辑：齐志刚 责任编辑：齐志刚

责任校对：樊钟英 封面设计：鞠 杨

责任印制：张 博

北京建宏印刷有限公司印刷

2025 年 1 月第 1 版第 10 次印刷

184mm×260mm 9.5 印张·234 千字

标准书号：ISBN 978-7-111-35936-4

定价：29.80 元

电话服务 网络服务

客服电话：010-88361066 机 工 官 网：www.cmpbook.com

010-88379833 机 工 官 博：weibo.com/cmp1952

010-68326294 金 书 网：www.golden-book.com

封底无防伪标均为盗版 机工教育服务网：www.cmpedu.com

　　本书是经过出版社初评、申报，由教育部专家组评审、教材遴选工作领导小组审定确定的首批"教育部职业教育改革创新示范教材"。

　　大型焊接结构及新型结构材料的应用对焊接技术提出了很高的要求，但也促进了焊接技术和工艺的发展，促进了焊接生产的机械化和自动化。机器人焊接大大提高了焊接件的外观和内在质量，保证了质量的稳定性，降低了劳动强度，改善了劳动环境，因此弧焊机器人、点焊机器人及自动焊接生产线技术在我国制造业特别是汽车制造业的应用越来越广泛，制造业对熟练掌握焊接机器人编程与操作的技能型人才的需求也越来越迫切。为了满足岗位人才需求，满足产业升级、技术进步的要求，部分职业院校相继开设了相关的课程。在教材方面，虽然有很多机器人方面的专著、高等学校教材，但普遍偏向理论与研究，不能满足实际应用的需要，适合职业教育和技能培训的以焊接机器人操作与编程为主要内容的教材尚为空白。目前，企业的焊接机器人操作与编程人员的培养只能依靠机器人生产企业的培训或产品手册，缺乏系统学习和相关理论指导。为了满足职业教育教学和岗位技能培训的需要，我们编写了本书。

　　本书以党的二十大报告中"办好人民满意的教育""全面贯彻党的教育方针，落实立德树人根本任务，培养德智体美劳全面发展的社会主义建设者和接班人"的精神为指引，依据高等职业教育培养素质高、专业技术全面的高技能人才的培养目标，充分融"知识学习、技能提升、素质培育"于一体，严格落实立德树人的根本任务。

　　焊接机器人是从事焊接作业的工业机器人。本书主要介绍工业机器人的基本概念、分类和应用，工业机器人的基本结构及控制方法，并以销量世界排名第一的ABB弧焊机器人为例，介绍焊接机器人的编程与操作方法，以期达到触类旁通的目的，使学生在实际操作中学会焊接机器人的技能和基本知识。全书共7个项目，每个项目包含1~2个工作任务，项目内容包括学习目标、知识准备、任务实施、检测与评价、学后感言及思考与练习。项目的安排由浅入深，循序渐进。工作任务的完成基于工作过程，注重学生综合素质、职业能力和职业素养的培养。

　　本书由李荣雪任主编并编写绪论、项目2、项目6及项目7，姚佳编写项目1和项目4，张磊编写项目3和项目5，高青编写项目5中的传感器部分内容，上海ABB工程有限公司薛振框、北京中丽制机工程技术有限公司郭建朋任主审。在编写过程中，编者参阅了国内外相关资料，在此向原作者表示衷心感谢！

　　焊接机器人是一项新技术，"焊接机器人编程与操作"对职业教育来说是一门新课程，相关教材的编写没有成熟的经验可以借鉴，加之编者水平有限，书中不妥之处在所难免，恳请读者批评指正。

编　者

目　录

绪　论

　　机器人技术的发展是科学技术发展的综合性标志，对社会经济发展产生了重大影响。机器人不仅将人从复杂、繁重的体力劳动中解放出来，也使产品质量和生产效率有了大幅度的提高。因此，机器人在日本、欧洲及北美等工业发达国家的应用已经非常普遍，在我国的应用也越来越多。

一、什么是工业机器人

　　机器人的英文单词"Robot"起源于捷克作家卡雷尔·卡佩克在1920年发表的科幻剧本《罗萨姆的万能机器人》（《Rossums Universal Robots》）中。剧本中的Robot是一家公司发明的形状像人的机器，可以听从人的命令做各种动作；它可以不吃饭，能够不知疲倦地进行工作。自此以后，像人一样的机器出现在很多科幻小说中，于是我国将"Robot"翻译成"机器人"。其实，机器人是一种可以运动的机械电子装置，不全都像人。

　　国际标准化组织对工业机器人的定义为"一种具有自动控制的操作和移动功能，能完成各种作业的可编程操作机。这种操作机具有几个轴，能够借助可编程操作来处理各种材料、零件、工具和专用装置，以执行各种任务。"

　　美国机器人协会的定义为"一种用于移动各种材料、零件、工具或专用装置的，通过程序动作来执行各种任务，并具有编程能力的多功能操作机。"

　　美国国家标准局的定义为"一种能够进行编程并在自动控制下执行某种引起操作和移动作业任务的机械装置。"

　　中国机器人专家对机器人的综合定义为"一种在计算机控制下的可编程的自动机器。根据所处的环境和作业的需要，它具有至少一项或多项拟人功能，如抓取功能或移动功能，或两者兼而有之。另外还可能不同程度地具有某些环境感知功能（如视觉、力觉、触觉、接近觉等）以及语音功能乃至逻辑思维、判断决策功能等，从而使它能在要求的环境中代替人进行作业。"

二、为什么要发展机器人

　　发展机器人有以下三个理由：

　　1）机器人可以做人不愿意做的工作，把人从有毒的、有害的、高温的或危险的环境中解放出来。

　　2）机器人可以做人不好做的工作。如在汽车生产线上的焊钳重达一百多公斤，一天焊几千个焊点。人从事这种重复性劳动，不但容易疲劳，而且准确性较差，产品的质量难以保证。

3）机器人可以做人做不了的工作。如火星探测、海底探测、海上打捞、海下侦查及排险等人类自身无法企及的工作。

三、机器人的产生及发展

1. 机器人的产生

1954年，乔治·德渥取得了"附有重放记忆装置的第一台机械手"的专利权，这一年被人们公认为是"机器人时代"的开始。该设备能够执行从一点到另一点的受控运动。

1958年，同被誉为"机器人之父"的约瑟夫·英格尔伯格和乔治·德渥创建了世界上第一个机器人公司——Unimation公司，并参与设计了第一台"尤尼梅特"（Unimate）机器人，意思是万能自动。

1962年，美国机械与铸造公司也制造出工业机器人，称为"沃尔萨特兰"（Versatran），意思是万能搬动。主要用于机器之间的物料搬运，采用液压驱动。该机器人的手臂可以绕底座回转，沿垂直方向升降，也可以沿半径方向伸缩。一般认为"尤尼梅特"（Unimate）和"沃尔萨特兰"（Versatran）机器人是世界上最早的工业机器人，并且目前仍在使用。

早期的工业机器人（图0-1）的基座上有一个大机械臂，可绕轴在基座上转动；大机械臂上伸出一个小机械臂，相对大臂可以伸出或缩回。小臂顶端有一个腕关节，可绕小臂转动，进行俯仰和横滚。腕关节前面是操作器。这个机器人的功能和人手臂的功能相似。该机器人采用液压驱动，由一台专用计算机完成控制。

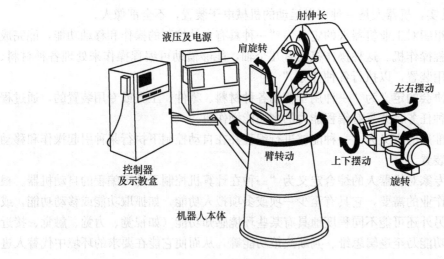

图0-1　早期的工业机器人

2. 机器人的发展

机器人的发展经历了三个阶段。

（1）第一代机器人——示教再现型机器人　示教再现型机器人是通过一台计算机来控制一个多自由度的机械手臂，它通过示教器控制机器人的运动，并把机器人程序存入计算机。这类机器人没有装备任何传感器，对环境没有感知能力，其作业路径、运动参数需要操作人员手把手示教并编程设定。在示教过程中，机器人各关节的几何参数的变化被检测出来，并自动存储；工作时，机器人会在这些存储数据的指令下驱动关节，再现示教的内容。目前，商品化、实用化的工业机器人大多数是此类机器人，如图 0-2 所示。

图 0-2　示教机器人

（2）第二代机器人——"带感觉"的机器人　这种机器人具有类似人的感知功能，如力觉、触觉、滑觉、视觉及听觉等。这种机器人配备简单的传感器，能感知自身的运行速度、位置及姿态等物理量，并以这些信息的反馈形成闭环控制。例如，配备了简易视觉、力觉传感器的机器人具有一定的适应外部环境的能力。20 世纪 80 年代，第二代机器人在国外已进入实用化阶段，并在工业生产中开始得到应用。

（3）第三代机器人——智能机器人　智能机器人有由多种传感器组成的检测系统，具有比第二代机器人更完善的环境感知功能，可以感知内部关节的运行速度、受力大小等参数，还可通过外部传感器（如视觉传感器、触觉传感器等）对外部环境信息进行感知、提取及处理，并做出一定的思维、判断和决策，根据作业要求和环境信息，自主地进行工作。智能机器人是研究人员所追求的高级阶段，是最接近人的机器人（图 0-3），目前尚处于研究和发展阶段。

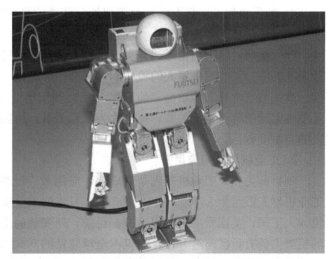

图 0-3　智能机器人

我国的机器人技术从 20 世纪 80 年代起步，在"七五"计划中，机器人被列入国家重点科研规划内容，在"863 计划"的支持下，机器人基础理论与基础元、器件研究全面展开。1986 年，全国第一个机器人研究示范工程在沈阳建立。目前，我国已基本掌握了机器人技术，可生产部分关键元器件，已开发出喷漆、弧焊、点焊、装配及搬运机器人。

四、机器人的分类及应用

1. 机器人的分类

机器人有多种形式，可以从多方面对机器人进行分类，从中不难看出机器人的多样性。

（1）按照发展程度分类

1）第一代机器人，示教再现型机器人。

2）第二代机器人，具有传感器信息反馈的"带感觉"的机器人。

3）第三代机器人，智能机器人。

4）第四代机器人，情感型机器人。这类机器人具有人类的情感，是机器人发展的最高层次。

（2）按照性能指标分类

1）超大型机器人，指负载能力为 10^7N 以上的机器人。

2）大型机器人，指负载能力为 $10^6 \sim 10^7$N，作业空间为 10m^2 以上的机器人。

3）中型机器人，指负载能力为 $10^5 \sim 10^6$N，作业空间为 $1 \sim 10\text{m}^2$ 的机器人。

4）小型机器人，指负载能力为 $1 \sim 10^4$N，作业空间为 $0.1 \sim 1\text{m}^2$ 的机器人。

5）超小型机器人，指负载能力为 1N 以下，作业空间为 0.1m^2 以下的机器人。

（3）按照开发内容和目的分类

1）工业机器人，是面向工业领域的多关节机械手或多自由度机器人，包括装配机器人、焊接机器人、搬运机器人及喷漆机器人等。

2）操纵型机器人，指人可在一定距离处直接操纵其进行作业的机器人。一般是通过主、从方式实现对机器人的遥控操作。

3）智能机器人，具有感知和理解外部环境信息的能力，即使其工作环境发生变化，也能自动完成任务。

（4）按照机器人结构形式分类　机器人按照结构形式可分为关节型机器人和非关节型机器人。其中，关节型机器人的机械本体部分一般为由各种关节串接起若干连杆组成开链式结构。其关节通常只有转动型（简记作 R 型）和移动型（简记作 P 型）两类。在这些关节中，凡单独驱动的称为主动关节，反之称为从动关节。单独驱动的主动关节数目称做关节型机器人的自由度数目。

2. 工业机器人的应用

到目前为止，工业机器人是最成熟，应用最广泛的一类机器人。至 2004 年底，全球的工业机器人数量为 848000～1120000 套。日本的工业机器人数量几乎占全球的一半，被誉为机器人王国；美国发展得也很迅速，目前，新安装的工业机器人数量已经超过了日本。我国的机器人拥有量已超过万台，但仅占全球总量的 0.6%，其中，国产机器人仅占 30%，其余皆从日本、美国、瑞典、德国及意大利等 20 多个国家引进。目前，工业机器人主要应用在以下几个方面：

（1）自动化生产领域　早期的工业机器人在生产中主要用于机床上下料、点焊和喷漆作业。随着柔性自动化生产线的出现，工业机器人得到了更广泛的应用，如焊接机器人、搬运机器人、检测机器人、装配机器人、喷漆和喷涂机器人、铸造机器人及锻造机器人等。

（2）恶劣、危险的工作环境　如有核污染的核电站检测、高层建筑外墙的清洗、设备维

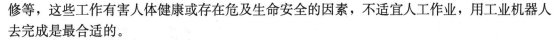

修等，这些工作有害人体健康或存在危及生命安全的因素，不适宜人工作业，用工业机器人去完成是最合适的。

（3）特殊作业场合　即对人来说力不能及的作业场合。

综上所述，工业机器人的应用给人类带来了许多好处，如降低生产成本，提高生产效率，改进产品质量，增加制造过程的柔性，减少材料浪费，改善劳动环境等。

【学后感言】

_____

_____

_____

_____

_____

_____

_____

_____

_____

_____

_____

_____

_____

_____

【思考与练习】

1. 什么是工业机器人？

2. 为何要发展工业机器人？

3. 工业机器人的发展经历了哪几个阶段？

项目 1

认识工业机器人

本项目以弧焊机器人为例，较全面地介绍了工业机器人各部分的功能和操作注意事项，使学生能够正确操作机器人，熟悉其运动特点。

【学习目标】

知识目标

1）掌握弧焊机器人系统的组成部分及其功能。

2）掌握示教器的结构、功能及按键的使用方法。

3）了解工业机器人的结构特点、性能、分类及选择方法。

技能目标

1）能够正确选择机器人运行模式。

2）能够正确使用示教器摇杆及使能键。

【工作任务】

认识工业机器人

工业机器人诞生于 20 世纪 60 年代，在 20 世纪 90 年代得到迅速发展，是最先产业化的机器人技术，是综合了计算机、控制理论、机构学、信息和传感技术、人工智能及仿生学等多学科而形成的高新技术。工业机器人的出现有利于制造业规模化生产，它代替人进行单调、重复性的体力劳动，提高了生产质量和效率。

目前，国际上的工业机器人主要分为日系和欧系。日系中主要有安川、OTC、松下、FANUC、不二越及川崎等公司的产品。欧系中主要有德国 KUKA、CLOOS，瑞士的 ABB，意大利的 COMAU 及奥地利的 IGM 等公司的产品。工业机器人已成为柔性制造系统（FMS）、工厂自动化（FA）、计算机集成制造系统（CIMS）中不可或缺的自动化工具。经验表明：使用工业机器人可以降低废品率和产品成本，减小工人误操作带来的残次零件风险。工业机器人带来的一系列效益也是十分明显的，如减少人工用量、减少机床损耗、加快技术创新速度、提高企业竞争力等。机器人具有执行各种任务特别是高危任务的能力，平均故障间隔期达 60000h 以上，比传统的自动化工艺更加先进。

一、工业机器人概述

工业机器人是目前技术上最成熟的机器人，它是能根据预先编制的操作程序自动重复工作的自动化机器，所以这种机器人也称为重复型工业机器人。

1. 工业机器人的基本组成与控制方式

（1）工业机器人系统的组成　工业机器人的本体结构是一只类似于人体上肢功能的关节型机械手，其控制系统基本构成如图 1-1 所示。

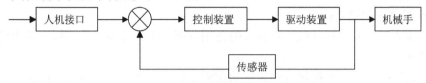

图 1-1　一般工业机器人控制系统基本构成

高性能的通用型工业机器人一般采用关节式的机械结构，在每个关节中安装伺服电动机，通过计算机对驱动装置进行控制，实现机器人的运动，如图 1-2 所示。

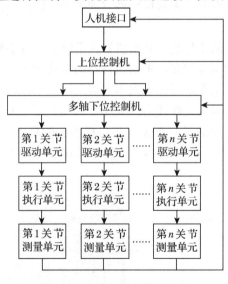

图 1-2　工业机器人控制过程

人机接口除了包括一般的计算机键盘、鼠标外，通常还包括示教器，通过示教器可以对机器人进行控制和示教操作。上位控制机具有存储单元，可实现重复编程、存储多种操作程序以及运动轨迹生成。下位控制机用于实现伺服控制、轨迹插补计算及系统状态检测。机器人的测量单元一般包括位置检测元件（如光电编码器）和速度检测元件（测速发电机），将被检测量反馈到控制器中，用于闭环控制、监测或示教操作。

（2）工业机器人的控制方式　工业机器人的控制方式包含示教再现控制和位置控制两种。

示教再现控制是指操作人员通过示教器把作业内容编制成程序，输入到记忆装置中。给出启动命令后，系统从存储单元中读出信息并送到控制装置，控制装置发出控制信号，由驱动机构控制机械手在一定精度范围内按照存储单元中的内容完成各种动作。工业机器人与一般自动化机器的最大区别在于它具有示教再现功能，因而表现出通用、灵活的"柔性"特点。

另一种控制方式是位置控制。工业机器人的位置控制方式包含点位控制和连续路径控制两种。点位控制方式只控制机器人运动的起点和终点位置，而不关心这两点之间的运动轨迹，这种控制方式可完成无障碍条件下的点焊、上下料及搬运等操作。连续路径控制方式不仅要求机器人以一定的精度达到目标点，而且对移动轨迹也有一定精度要求，如机器人喷漆、弧焊等操作。连续路径控制方式的实现是以点位控制为基础的，在每两个点之间进行满足精度要求的轨迹插补运算即可实现轨迹的连续化。

2. 工业机器人的技术指标

工业机器人的技术指标反映了机器人的适用范围和工作性能，是选择、使用机器人必须考虑的关键问题。

（1）自由度　自由度是指描述物体运动所需要的独立坐标数。自由物体在空间有 6 个自由度，即 3 个移动自由度和 3 个转动自由度。如果机器人是一个开式连杆系，而每个关节运动副又只有一个自由度，那么机器人的自由度数就等于它的关节数。机器人的自由度数越多，它的功能就越强大，应用范围也就越广。目前，生产中应用的机器人通常具有 4～6 个自由度，计算机器人的自由度时，末端执行件（如手爪）的运动自由度和工具（如钻头）的运动自由度不计算在内。

（2）工作范围　机器人的工作范围是指机器人手臂末端或手腕中心运动时所能到达的所有点的集合。由于机器人的用途很多，末端执行器的形状和尺寸也是多种多样的，为了能真实反映机器人的特征参数，工作范围一般指不安装末端执行器时可以到达的区域。由于工作范围的形状和大小反映了机器人工作能力的大小，因而它对于机器人的应用是十分重要的。工作范围不仅与机器人各连杆的尺寸有关，还与机器人的总体结构有关。ABB 机器人的工作范围如图 1-3 所示，其阴影部分为机器人手臂可以到达的区域。

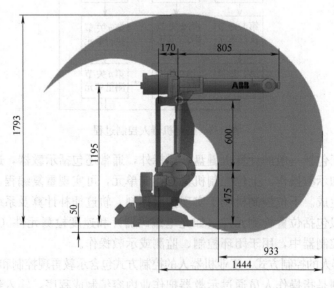

图 1-3　ABB 机器人的工作范围

（3）最大工作速度 机器人的最大工作速度是指机器人主要关节上最大的稳定速度或手臂末端最大的合成速度，因生产厂家不同而标注不同，一般都会在技术参数中加以说明。很明显，最大工作速度越高，生产效率也就越高；然而，工作速度越高，对机器人的最大加速度的要求也就越高。

（4）负载能力 工业机器人的负载能力又称为有效负载，它是指机器人在工作时臂末端可能搬运的物体质量或所能承受的力。当关节型机器人的臂杆处于不同位姿时，其负载能力是不同的。因此，机器人的额定负载能力是指其臂杆在工作空间中任意位姿时腕关节端部所能搬运的最大质量。除了用可搬运质量标示机器人负载能力外，由于负载能力还和被搬运物体的形状、尺寸及其质心到手腕法兰之间的距离有关，因此，负载能力也可用手腕法兰处的输出转矩来标示。

（5）定位精度和重复定位精度 工业机器人的运动精度主要包括定位精度和重复定位精度。定位精度是指工业机器人末端执行器的实际到达位置与目标位置之间的偏差。重复定位精度（又称为重复精度）是指在同一环境、同一条件、同一目标动作及同一条指令下，工业机器人连续运动若干次重复定位至同一目标位置的能力。

工业机器人具有绝对精度较低，重复精度较高的特点。一般情况下，其绝对精度比重复精度低一到两个数量级，且重复定位精度不受工作载荷变化的影响，故通常用重复定位精度作为衡量示教再现方式工业机器人精度的重要指标。

若点位控制机器人的位置精度不够，会造成实际到达位置与目标位置之间较大的偏差；连续轨迹控制型机器人的位置精度不够，则会造成实际工作路径与示教路径或离线编程路径之间的偏差，如图 1-4 所示。

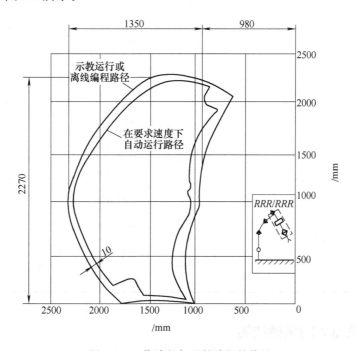

图 1-4 工作路径与示教路径的偏差

除了以上技术指标以外，机器人的技术指标中通常还包括电源、环境温度、湿度等方面

的要求，这些指标也是机器人能够正常工作的必要条件，ABB 2400L 型机器人的技术指标见表 1-1。

表 1-1　ABB 2400L 型机器人的技术指标

	机械结构	6个自由度
	载荷质量	7kg
	定位精度	±0.06mm
	安装方式	落地式
	本体质量	380kg
	电源容量	4kW
	总高	1731mm
	标准涂色	橘黄色
最大工作范围	1轴（旋转）	360°
	2轴（旋转）	200°
	3轴（旋转）	125°
	4轴（旋转）	370°
	5轴（旋转）	240°
	6轴（旋转）	800°
最大速度	1轴（旋转）	150°/s
	2轴（旋转）	150°/s
	3轴（旋转）	150°/s
	4轴（旋转）	360°/s
	5轴（旋转）	360°/s
	6轴（旋转）	450°/s
安装环境	环境温度	5～45℃
	相对湿度	最高95%
	防护等级	IP54
	噪声水平	最高70dB

二、工业机器人的机械结构

工业机器人的机械结构也就是它的执行机构，是由一系列连杆、关节或其他形式的运动副组成，可实现各个方向的运动。工业机器人的机械结构包括基座、腰、臂、腕和手等部件，图1-5所示为早期机器人的机械结构。

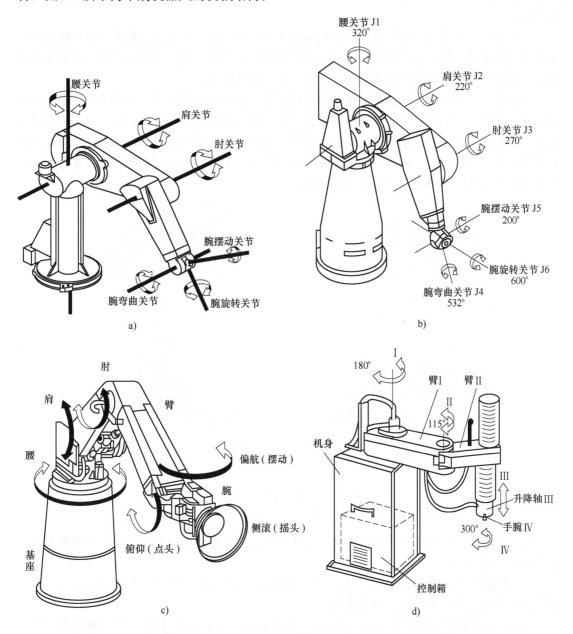

图1-5 早期工业机器人的机械结构

a) Versatran机器人 b) PUMA700机器人 c) T³机器人 d) SCARA机器人

（1）基座 工业机器人的基座是机器人的基础部分，起支撑作用，执行机构和驱动系统均安装在基座上。有时为了能使机器人完成较远距离的操作，可以增加行走机构，行走机构多为滚轮式或履带式，行走方式分为有轨与无轨两种。近几年发展起来的步行机器人的行走机构多为连杆机构。

（2）腰 工业机器人的腰是臂的支承部分，根据执行机构坐标系的不同，腰可以在基座

11

上转动，也可以和基座制成一体。有时腰也可以通过导杆或导槽在基座上移动，从而增大工作空间。

（3）臂　工业机器人的臂是执行机构中的主要运动部件，用来支承腕和手，并使它们在工作空间内运动，臂的运动方式有直线运动和回转运动两种形式。臂要有足够的承载能力和刚度，导向性好，重量和转动惯量小，运动平稳，定位精度高。

（4）腕　工业机器人的腕是连接臂与手的部件，起支承手的作用，并用于调整手的方向和姿态。机器人一般具有 6 个自由度才能使手部（末端执行器）到达目标位置并处于期望的姿态，腕的自由度主要用于实现所期望的姿态。因此，要求腕部具有回转、俯仰和偏转 3 个自由度，如图 1-6 所示。通常，把腕的回转称为 Roll，用 R 表示；把腕的俯仰称为 Pitch，用 P 表示；把腕的偏转称为 Yaw，用 Y 表示。

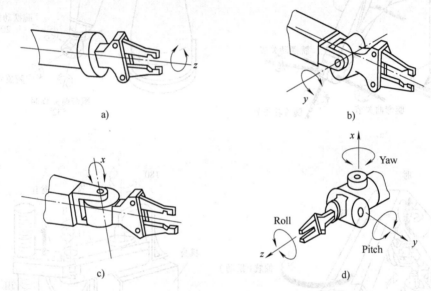

a)　　　　　　　　　b)

c)　　　　　　　　　d)

图 1-6　工业机器人手腕的自由度

a) 手腕的回转　b) 手腕的俯仰　c) 手腕的偏转　d) 三个自由度间的关系

（5）手　工业机器人的手是安装在工业机器人手腕上进行作业的部件。工业机器人的手应具有以下特点：

1）手是工业机器人的末端执行器。可以像人手一样具有手指，也可以类似于动物的手爪，或是专用工具，如焊枪、喷漆枪等。

2）手与手腕连接处可以拆卸。手与手腕有机械接口，也可能有电、气、液接头，当工业机器人的作业对象不同时，可以很方便地拆卸和更换。

3）工业机器人的手通常是专用的，一种手爪往往只能抓握一种或几种尺寸、形状及重量相近的工件，只能执行一种作业任务。例如，熔化极气体保护焊焊枪、钨极氩弧焊焊枪、点焊电极夹头等都只能进行相应的焊接。因此，工业机器人的手不具有通用性。

根据工作原理的不同，其夹持装置可分为机械夹紧式、真空抽吸式、气（液）压胀紧式和磁力式四种。

三、ABB 机器人系统组成及功能

ABB 机器人由机器人本体、控制柜及示教器等组成，如图 1-7 所示。

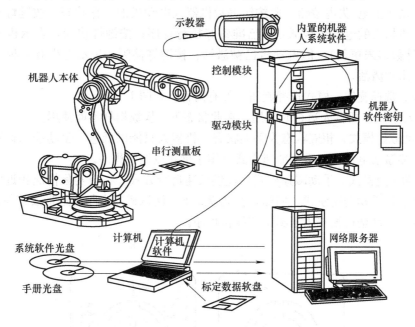

图 1-7　ABB 机器人系统的组成

1. 机器人本体

机器人本体用于搬运工件和夹持焊枪，执行工作任务。

2. 控制柜

控制柜用于安装各种控制单元，进行数据处理及存储、执行程序等，它是机器人系统的大脑。控制柜及按钮如图 1-8 所示。

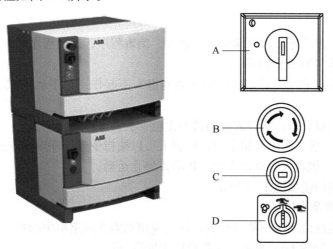

图 1-8　控制柜及其按钮

A—主电源开关　B—紧急停止按钮　C—电动机上电/失电按钮　D—模式选择旋钮

（1）主电源开关　主电源开关是机器人系统的总开关。

（2）紧急停止按钮　在任何模式下，按下紧急停止按钮，机器人立即停止动作。要使机器人重新动作，必须释放该按钮。

（3）电动机上电/失电按钮　此按钮表示机器人电动机的工作状态，按键灯常亮，表示上电状态，机器人的电动机被激活，已准备好执行程序；按键灯快闪，表示机器人未同步（未标定或计数器未更新），但电动机已被激活；按键灯慢闪，表示至少有一种安全停止生效，电动机未被激活。

（4）模式选择旋钮　模式选择旋钮一般有两种，如图1-9所示。

A：自动模式，机器人运行时使用，在此状态下，操纵摇杆不能使用。

B：手动减速模式，相应状态为手动状态，机器人只能以低速、手动控制运行，必须按住使能器才能激活电动机。手动减速模式常用于创建或调试程序。

C：手动全速模式，手动减速模式只提供低速运行方式，在与实际情况相近的情况下调试程序就要使用手动全速模式。例如，在此模式下可测试机器人与传送带或其他外部设备是否同步运行。手动全速模式用于测试和编辑程序。

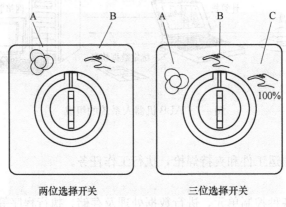

图1-9　模式选择旋钮

3. 示教器

示教器包含很多功能，如手动移动机器人、编辑程序、运行程序等，它与控制柜通过一根电缆连接，其结构如图1-10所示。

注意：自动模式下，手动上电按键（使能键）不起作用；手动模式下，该键有三个位置，即

1）不按（释放状态）：机器人电动机不上电，机器人不能动作。

2）轻轻按下：机器人电动机上电，机器人可以按指令或摇杆操纵方向移动。

3）用力按下：机器人电动机失电，机器人停止运动。

示教器上其他按键如图1-11所示。

4. 示教器菜单及窗口

（1）菜单　系统应用从主菜单开始，每项应用都需在该菜单中选择。按系统菜单键可以显示系统主菜单，如图1-12所示，各菜单功能见表1-2。

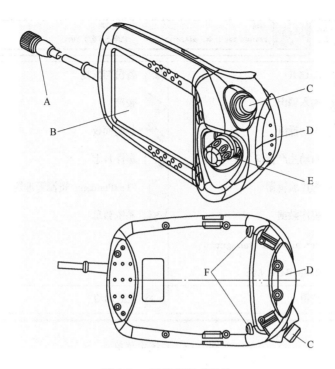

图 1-10 示教器组成结构
A—插头 B—触摸屏 C—急停按钮
D—手动上电按键（使能键） E—操纵摇杆 F—全速运行保持键

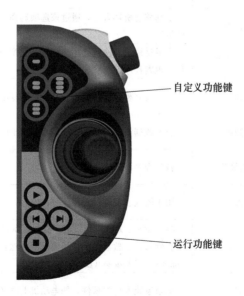

自定义功能键

运行功能键

图 1-11 示教器按键

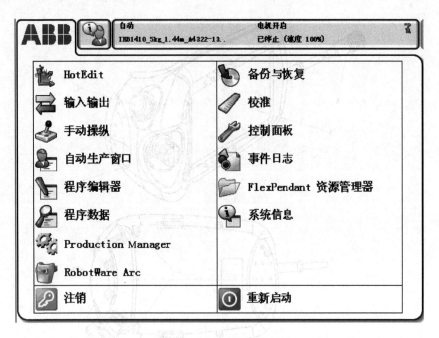

图 1-12　系统主菜单

表 1-2　ABB 机器人主菜单功能

图标	名称	功能
	输入输出 (I/O)	查看输入输出信号
	手动操纵	手动移动机器人时，通过该选项选择需要控制的单元，如机器人或变位机等
	自动生产窗口	由手动模式切换到自动模式时，此窗口自动跳出，用于在自动运行过程中观察程序运行状况
	程序编辑器	用于建立程序、修改指令及程序的复制、粘贴等操作
	程序数据	设置数据类型，即设置应用程序中不同指令所需的不同类型的数据
	备份与恢复	备份程序、系统参数等
	校准	用于输入、偏移量及零位等校准
	控制面板	参数设定、I/O 单元设定、弧焊设备设定、自定义键设定及语言选择等。例如，示教器中英文界面选择方法：ABB→控制面板→语言（Language）→ Chinese（English）
	事件日志	记录系统发生的事件，如电动机上电/失电、出现操作错误等
	资源管理器	新建、查看、删除文件夹或文件等
	系统信息	查看整个控制器的型号、系统版本和内存等信息

（2）窗口　选择菜单中的任意一项功能后，任务栏中会显示一个按键，可以按此按键切换当前的任务（窗口）。如图 1-13 所示，同时打开了 4 个窗口，最多可以同时打开 6 个窗口，且可以通过单击窗口下方任务栏按键实现不同窗口间的切换。

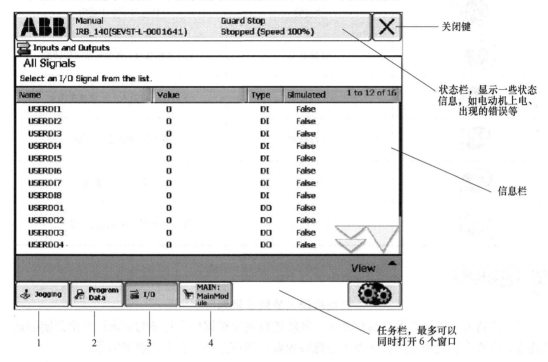

图 1-13　机器人系统窗口

1—手动操纵窗口　2—程序数据窗口　3—输入/输出窗口　4—编程窗口

（3）快捷菜单　快捷菜单提供比操作窗口更快捷的操作按键，每项菜单使用一个图标显示当前的运行模式或进行设定。快捷菜单如图 1-14 所示，各选项含义见表 1-3。

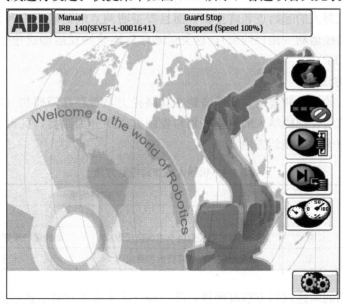

图 1-14　机器人系统快捷菜单

表 1-3　ABB 机器人系统快捷菜单功能

图标	名称	功能
	快捷键	快速显示常用选项
	机械单元	工件坐标系与工具坐标系间的转换
	步长	手动操纵机器人的运动速度调节
	运行模式	有连续和单周运行两种
	步进运行	分步运行（不常用）
	速度模式	运行程序时使用，调节运行速度的百分率

【知识拓展】

工业机器人的轨迹规划

工业机器人一般属于关节型机器人，其轨迹规划是根据作业任务的要求计算出预期的运动轨迹。机器人轨迹规划属于机器人的低层规划，基本上不涉及人工智能问题。

通常将机器人的运动看做是工具坐标系 {T} 相对于工件坐标系 {S} 的运动。这种描述方法既适用于各种机器人，也适用于同一机器人上装夹的各种工具。对于进行抓放作业的机器人（如用于上、下料），需要描述它的起始状态和目标状态，即工具坐标系的起始值和目标值。在此，用"点"来表示工具坐标系的位姿。对于另外一些作业，如弧焊和曲面加工等，不仅要规定机器人的起始点和终止点，而且要指明两点间的若干中间点（路径点），使机器人沿特定的路径运动（路径约束）。这类运动称为连续路径运动或轮廓运动，而前者称为点到点运动（PTP）。

1. 轨迹规划方法

在规划机器人的运动轨迹时，要弄清楚在其路径上是否存在障碍物（障碍约束）。路径约束和障碍约束的组合把机器人的轨迹规划与控制方式划分为四类，见表 1-4。这里主要讨论连续路径的无障碍轨迹规划方法。

表 1-4　机器人操作臂控制方法

		障碍约束	
		有	无
路径约束	有	离线无碰撞路径规则＋在线路径跟踪	离线路径规则＋在线路径跟踪
	无	位置控制＋在线障碍检测和避障	位置控制

机器人最常用的轨迹规划方法有两种：第一种方法要求用户对于选定的转变结点（插值点）上机器人的位姿、速度和加速度给出约束条件（如连续性和光滑程度等），然后根据该

条件在轨迹规划结点进行插值计算；第二种方法要求用户给出运动路径的解析式，如给出直角坐标空间中的直线路径，轨迹规划在关节空间或直角坐标空间中确定一条轨迹来逼近预定的路径。在第一种方法中，约束的设定和轨迹规划均在关节空间进行，所以可能会发生与障碍物相碰撞。第二种方法的路径约束是在直角坐标空间中给定的，而关节驱动器是在关节空间中受控的。因此，为了得到与给定路径十分接近的轨迹，首先必须采用某种函数逼近的方法将直角坐标路径约束转化为关节坐标路径约束，然后确定满足关节路径约束的参数化路径。

2. 机器人关节轨迹的插值计算

如图 1-15 所示，搬运机器人的工作是要把物体从 A 点移动到 B 点，至于移动过程中所经过的路径可不加限制。如图 1-16 所示，焊接机器人的工作是对沿 A 点到 B 点之间的接缝进行焊接，为了增强焊缝强度，须对机械手的移动轨迹加以限制，必须沿 A、B 两点之间的接缝运动。

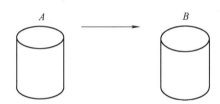
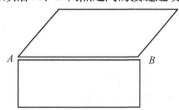

图 1-15　搬运机器人工作路径　　　　图 1-16　焊接机器人工作路径

图 1-15 中，对机器人从 A 点向 B 点重复移动进行的控制称为点到点（Point to Point，PTP）控制。这种控制只限于从一点到另一点，途中所经过的路径是不重要的。图 1-16 中，对机器人手臂从一点到另一点的移动轨迹进行的严格控制称为连续轨迹（Continuous Path，CP）控制。要实现 CP 控制，必须进行位置控制，并且是对目标坐标的连续控制。但是，要指定全部路径需要存储大量的目标坐标，这时如果采用传统的模拟式位置随动系统，精度将变差，这是 CP 控制的不足之处。因此，不直接进行连续轨迹的控制，而是在 A 点和 B 点之间设置 C、D、E 等多个目标点，就像踩着几块石头过一条小溪一样按顺序进行 PTP 控制，可以近似认为是一种 CP 控制。确定 A、B 两点之间的 C、D、E 各点坐标的过程称为插值或插补。这种在两点之间插入途中点进行的 PTP 控制称为模拟 CP 控制。

目前，机器人的基本操作方式是示教再现的，即首先教机器人如何做，机器人就记住了这个过程，它可以根据需要重复这个动作。对于 CP 控制，不可能把空间轨迹的所有点都示教一遍让机器人记住，因为这样太烦琐，也会浪费许多计算机内存。实际上，对于有规律的轨迹，仅示教几个特征点（如直线需要示教两点，圆弧需要示教三点），计算机就能利用插补算法获得中间点的坐标（相对基础坐标系），并通过机器人运动学反解由这些点的坐标求出机器人各关节的位置和角度，然后由角位置闭环控制系统实现机器人的相应姿态。这样就确定了轨迹上的一点，继续插补并重复上述过程，就可以确定整个轨迹（图1-17）。计算机运算时间的 80% 以上用于这种坐标变换，所得结果放入存储器。

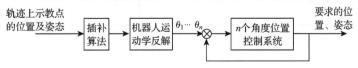

图 1-17　机器人轨迹的插补计算

采用模拟 CP 控制使机器人识别工作路径变得简单，从而节省了计算机的存储单元。进行模拟 CP 控制的路径可以是直线，也可以是曲线，可根据移动轨迹的位置精度、机器人的移动速度、系统的响应时间及存储器的容量等要求选用不同的插补算法进行计算。

【任务实施】

任务书

姓　　名		项目名称	认识工业机器人	
指导教师		同　组　人		
计划用时		实施地点	弧焊机器人实训室	
时　　间		备　　注		
任务内容与目标				
1. 认识工业机器人的组成 2. 认识工业机器人的机械结构 3. 了解工业机器人系统组成及各部件的功能特点 4. 掌握机器人控制柜按键的功能 5. 掌握机器人示教器按键的功能				
考核项目		说明工业机器人的系统组成部件及机器人本体的结构特点		
		指出工业机器人的各轴		
		机器人控制柜和示教器各按键的使用		
任务准备				
资料		工具	设备	
机器人实训设备说明书		常用工具	IRB1400 工业机器人 IRB2400 工业机器人	
机器人安全操作规程				
机器人系统组成示意图				

任务完成报告

姓　　名		项目名称	认识工业机器人
班　　级		小组成员	
完成日期		分工内容	

1. 简述工业机器人系统组成及各部件功能

2. 简述工业机器人分类

3. 根据示意图填写机器人系统组成，并说明各部分作用

A——

B——

C、D——

H——

J、K——

M——

N——

4. 填写控制柜的主要按键功能

A——

B——

C——

D——

5. 填写示教器的主要按钮功能

A——

B——

C——

D——

E——

F——

学生自评表			年　　月　　日
项目名称	认识工业机器人		
学生姓名		班级	
评价项目	评价内容		评价结果（好、较好、一般、差）
专业能力	认识机器人本体和控制柜		
	能够说出机器人系统各部分功能		
	知道控制柜上按键的含义		
	能够正确选择机器人运动模式		
	会使用示教器的使能键		
	知道示教器按键的含义		
方法能力	会查阅和使用说明书		
	能够遵守安全操作规程		
	能够对自己的学习情况进行总结		
	能够如实对自己的工作情况进行评价		
社会能力	能够积极参与小组讨论		
	能够接受小组的分工并积极完成任务		
	能够主动对他人提供帮助		
	能够正确认识自己的错误并改正		
自我评价及反思			

学生互评表　　　　　　　年　　月　　日

项目名称	认识工业机器人		
被评价人		班级	
评价人			
评价项目	评价标准		评价结果
团队合作	A. 合作融洽		
	B. 主动合作		
	C. 可以合作		
	D. 不能合作		
学习方法	A. 学习方法良好，值得借鉴		
	B. 学习方法有效		
	C. 学习方法基本有效		
	D. 学习方法存在问题		
专业能力（勾选）	能够说出机器人系统各部分功能		
	知道控制柜上按键的含义		
	会使用示教器的使能键		
	知道示教器按键的含义		
	能够按要求完成任务		
综合评价			

教师评价表 年 月 日

项目名称		认识工业机器人	
学生姓名		班级	
评价项目	评价内容		评价结果（好、良好、一般）
专业认知能力	认识机器人本体和控制柜		
	能够说出机器人系统各部分功能		
	知道控制柜上按键的含义		
	能够理解任务要求的含义		
	知道示教器按键的含义		
专业操作技能	会使用示教器的使能键		
	能够正确选择机器人运动模式		
	能够正确使用设备和相关工具		
	能够遵守安全操作规程		
	能够正确填写试验报告记录		
社会能力	能够与他人合作		
	能够接受小组的分工		
	能够主动对他人提供帮助		
	善于表达和交流		
综合评价			

【学后感言】

【思考与练习】

1. 何谓机器人系统？为什么要组成该系统？
2. 什么是工业机器人的自由度？
3. 工业机器人的控制方式有哪几种？
4. 一般工业机器人的技术参数有哪些？
5. 查阅资料，简述工业机器人的应用现状和发展趋势。

项 目 2

手动操纵工业机器人

以 ABB 工业机器人为例，操作人员可以通过示教器摇杆来控制机器人各个轴的动作，也可以通过运行已有程序实现机器人自动运行。手动移动机器人是操纵机器人的基础，因为机器人自动运行的程序一般是通过手动操纵机器人来建立和修改的。

手动操纵机器人通过手动操作示教器上的摇杆将机器人移动到某个位置。在手动模式下，不管示教器显示什么窗口，都可以手动操作机器人；但在执行程序过程中，不能手动操作机器人。

【学习目标】

知识目标
1）掌握机器人各轴的运动规律。
2）掌握弧焊机器人系统中各部分的功能。
3）熟悉示教器结构、操作界面及按键功能。
技能目标
1）能够使用示教器摇杆熟练控制机器人各轴的运动。
2）能够使用示教器快速找到并打开需要的选项。

【工作任务】

任务1 连续移动机器人
任务2 机器人的精确定点运动

任务1 连续移动机器人

工业机器人的运动可以是连续的，也可以是步进的。既可以是单轴的运动，也可以是整体的协调运动。这些运动都可以通过示教器来实现。

【知识准备】

一、安全操作注意事项

工业机器人能在有害和危险的环境中代替人进行作业，但也有可能发生工业机器人伤人事故。工业机器人工作时手臂的动量很大，碰到人势必会将人打伤，因此，在操作人员练习或工业机器人运行期间必须注意安全。任何人员无论什么时候进入工业机器人的工作范围，都有可能发生事故，所以只有经过专门培训的人员才可以进入该区域，这是必须遵守的一条重要原则。

有些国家已经颁布了工业机器人安全法规和相应的操作规程，国际标准化协会也制定了工业机器人安全规范。工业机器人生产厂家在用户使用手册中提供了设备参数，以及使用、维护设备的注意事项。ABB 公司给出了以下操作规程，此规程也可作为其他工业机器人安全措施的参考。

1）未经许可不能擅自进入机器人工作区域；机器人处于自动模式时，不允许进入其运动所及区域。

2）机器人运行中发生任何意外或运行不正常时，立即使用 E-Stop 键（急停按钮），使机器人停止运行。

3）在编程、测试和检修时，必须将机器人置于手动模式，并使机器人以低速运行。

4）调试人员进入机器人工作区域时，需随身携带示教器，以防他人误操作。

5）在不移动机器人或不运行程序时，须及时释放使能器（Enable Device）。

6）突然停电后，要手动及时关闭机器人的主电源和气源。

7）严禁非授权人员在手动模式下进入机器人软件系统，随意修改程序及参数。

8）发生火灾时，应使用二氧化碳灭火器灭火。

9）机器人停止运动时，手臂上不能夹持工件或任何物品。

10）气路系统中的压力可达 0.6MPa，任何相关检修都必须切断气源。

11）维修人员必须保管好机器人钥匙，严禁非授权人员使用机器人。

二、机器人系统的启动和关闭

1. 机器人系统的启动

在确认机器人工作范围内无人后，合上机器人控制柜上的电源主开关，系统自动检查硬件。检查完成后若没有发现故障，系统将在示教器显示如图 2-1 所示的界面。

正常启动后，机器人系统通常保持最后一次关闭电源时的状态，且程序指引位置保持不变，全部数字输出都保持断电以前的值或者置为系统参数指定的值，原有程序可以立即执行。

2. 机器人系统的关闭

关闭机器人系统需要关闭控制柜上的主电源开关。当机器人系统关闭时，所有数字输出都将被置为 0，这会影响到机器人的手爪和外围设备。因此，在关闭机器人系统之前，首先要检查是否有人处于工作区域内，以及设备是否运行，以免发生意外。如果有程序正在运行或者手爪握有工件，则要先用示教器上的停止按钮使程序停止运行并使手爪释放工件，然后再关闭主电源开关。

三、手动操纵机器人

机器人系统启动后，在按下示教器上的使能键给机器人各轴的伺服上电后，就可以通过摇动摇杆来控制机器人的运动。摇杆可以控制机器人分别在 3 个方向上运动，也可以控制机

图 2-1　ABB 机器人启动界面

器人在 3 个方向上同时运动。机器人的运动速度与摇杆的偏转量成正比，偏转量越大，机器人的运动速度越快，但最高速度不会超过 250mm/s。

除在自动模式下，机器人各轴伺服没有上电或正在执行程序时不能手动操纵机器人之外，无论打开何种窗口，都可以用摇杆来操纵机器人。

1. 选择运动单元及运动方式

对机器人进行手动操纵时，首先要明确选择运动单元及运动方式。

机器人系统可能不仅由机器人本体单独构成，可能还包含其他的机械单元，如外部轴（变位机等），也可以被选为运动单元进行单独操作。每个运动单元都有一个标志或名字，这个名字在系统设定时已经进行定义。

ABB 机器人具有线性运动、重定位运动和单轴运动 3 种运动方式。

（1）线性运动　大多数情况下，选择从 A 点移动到 B 点时，机器人的运行轨迹为直线，所以称为直线运动，也称为线性运动。其特点是焊枪（或工件）姿态保持不变，只是位置改变。

（2）重定位运动　重定位运动方式是焊枪（或工件）姿态改变，而位置保持不变。

（3）单轴运动　通过摇杆控制机器人单轴运动的步骤如下：

1）将模式选择旋钮放在手动模式，如图 1-9 所示。

2）选择运动单元。方法有两种，一是在 ABB 菜单下，按手动操纵键，显示操作属性，按机械单元键，出现可用的机械单元列表，如图 2-2 所示。若选择机器人，则摇杆控制机器人本体运动；若选择外部轴，则摇杆控制外部轴运动，一个机器人最多可以控制 6 个外部轴。

第二种方法是使用快捷键进行选择。按示教器右下角的 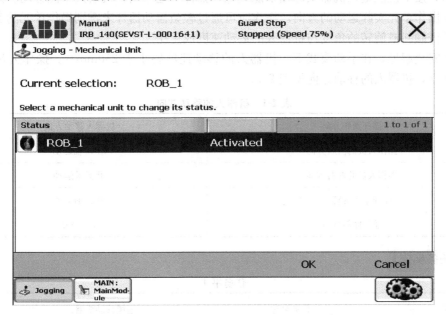 键，再按 键，也会出现如图 2-2 所示的选择列表，选择想要控制的运动单元即可。

图 2-2　机器人系统机械单元列表

3）选择运动方式。选择线性移动，则摇杆方向窗口显示相应的操作轴，如轴 1-3，轴 4-6。机器人的轴如图 2-3 所示。

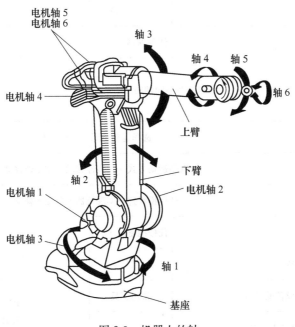

图 2-3　机器人的轴

2. 手动移动机器人

轻轻按住使能键，使机器人各轴上电，摇动摇杆使机器人的轴沿不同方向移动。如果不按或者用力按下使能键，机器人的轴不能上电，摇杆不起作用，机器人不能移动。方向属性并不显示操作单元实际运动的方向，操作时可通过轻微摇动摇杆来辨别操作单元的实际运动方向。摇杆倾斜或旋转的角度与机器人的运动速度成正比。

为了安全起见，在手动模式下，机器人的移动速度要小于 250mm/s。操作人员应面向机器人站立，机器人的移动方向见表 2-1。

表 2-1　机器人的移动方向

摇杆操作方向	机器人移动方向
操作人员的前后方向	沿 X 轴运动
操作人员的左右方向	沿 Y 轴运动
摇杆正反旋转方向	沿 Z 轴运动
摇杆倾斜方向	倾斜移动

【任务实施】

任务书 1

姓　名		任务名称	连续移动机器人	
指导教师		同　组　人		
计划用时		实施地点	弧焊机器人实训室	
时　间		备　注		
任务内容				
手动操纵摇杆实现机器人的连续移动，并可以控制不同轴的移动及旋转。				
考核项目	选择运动单元——机器人			
	选择运动方式——线性移动和重定位移动			
	使用操纵摇杆实现机器人各轴的移动			
任务准备				
	资料	工具	设备	
	机器人实训设备说明书	常用工具	IRB 1400 机器人 IRB 2400 机器人	
	机器人安全操作规程			

任务完成报告 1

姓　名		任务名称	连续移动机器人
班　级		小组成员	
完成日期		分工内容	

1. 机器人的运动方式有哪些?

2. 写出手动移动机器人的步骤。

3. 操纵摇杆的方向与机器人的移动方向有何关系?

任务2 机器人的精确定点运动

【知识准备】

机器人的移动情况与操纵摇杆的方式有关，既可以实现连续移动，也可以实现步进移动。摇杆偏移1s，机器人持续步进10步；摇杆偏移1s以上时，机器人连续移动。摇杆偏移或偏转一次，机器人运动一步，称为步进运动。机器人需要准确定位到某点时，常使用步进运动功能。实现步进移动的操作方法见表2-2。步进运动每次移动的幅度可以调节，见表2-3。

表2-2 机器人步进移动的操作方法

序号	操作步骤	备注
1	进入ABB主菜单，显示操纵属性	操作窗口如图2-4所示
2	按增量键	
3	选择功能键，再按OK键确认	增量大小见表2-3
4	间断摇动摇杆，机器人步进移动	注意机器人的运动方向
5	改变增量或者自定义增量	对比机器人的移动变化

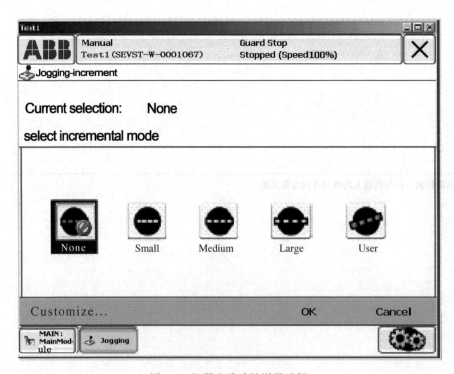

图2-4 机器人移动的增量选择

32

表 2-3 机器人步进移动的增量数值

增量	距离	角度
小（small）	0.05mm	0.005°
中（middle）	1mm	0.02°
大（large）	5mm	0.2°
用户自定义（user）	0.50～10.0mm	0.01°～0.20°

使用快捷键可以快速切换连续运动或步进运动，并设置增量大小。按快捷键，如图 2-5 所示，选择增量键，即可以选择所需的增量大小。

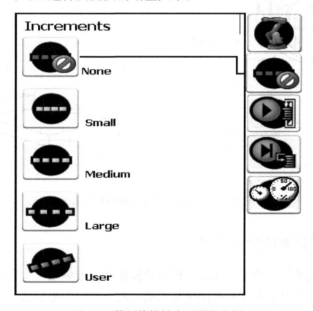

图 2-5 使用快捷键实现增量选择

注意：机器人运动的动量很大，运行过程中人进入机器人的工作区域是很危险的。为了确保安全，机器人系统一般都设置了急停按钮，分别位于示教器和控制柜上。无论在什么情况下，只要按下急停按钮，机器人就会停止运行。紧急停止之后，示教器的使能键将失去作用，必须手动恢复急停按钮才能使机器人重新恢复运行。手动恢复急停按钮时需要注意以下两点：

1）必须排除所有危险因素，确保机器人系统处于安全状态。

2）所有压按式的急停开关都有一个闭锁装置，恢复时需要释放闭锁状态。一般情况下，转动按钮就可以恢复了，但有时需要将按钮拉出。

【知识拓展】

一、机器人坐标系

机器人系统的坐标系包含 World 坐标系——绝对坐标系、Base 坐标系——机座坐标系、

33

Tool 坐标系——工具坐标系及 Wobj 坐标系——工件坐标系等，其相互关系如图 2-6 所示。规定坐标系的目的在于对机器人进行轨迹规划和编程时，提供一种标准符号，尤其是对于由两台以上工业机器人组成的机器人工作站或柔性生产系统，要实现机器人之间的配合协作，必须是在相同的坐标系中。工具坐标系的原点一般是在机器人第六轴面板的圆心。

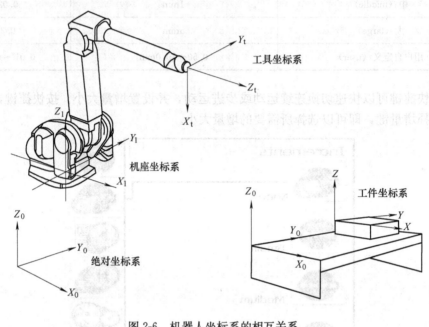

图 2-6　机器人坐标系的相互关系

二、机器人坐标系的建立方法

对于一个机器人来说，绝对坐标系和机座坐标系可以看做是一个坐标系；但对于由多个机器人组成的系统，绝对坐标系和机座坐标系则是两个不同的坐标系。

1. 工件坐标系的建立

建立工件坐标系的方法如下：

主菜单→程序数据→工件坐标系（Wobjdata）→新建→名称→定义工件坐标系。

定义工件坐标系有如下两种方法：

① 直接输入坐标值，即 x、y、z 的值。

② 示教法：编辑→定义→第一点→第二、三点（三点不在同一条直线上即可）。

2. 工具坐标系的建立

主菜单→程序数据→工具坐标系（Tooldata）→新建→名称→定义工具坐标系。

定义工具坐标系有如下两种方法：

① 直接输入新的坐标值，即 x、y、z 的值，同时要输入或自行测量焊枪中心和转动惯量。

② 示教法。TCP→编辑→定义→焊丝对准尖状工件顶尖→更换位置（共 4 次）→变换焊枪姿态（共 4 次）→确定。这种方法又称为四点定义法，也需要输入或自行测量焊枪中心和转动惯量。

【任务实施】

任务书 2

姓　名		任务名称	机器人的精确定点运动
指导教师		同　组　人	
计划用时		实施地点	弧焊机器人实训室
时　间		备　注	
任务内容			
手动摇杆实现机器人的精确定点运动，通过使用菜单及快捷键两种方式精确调节机器人的运动幅度。			
考核项目	选择运动单元——机器人		
	通过菜单选择步进幅度为"中"，手动移动机器人		
	通过快捷键选择步进幅度为"大"，手动移动机器人		
任务准备			

资料	工具	设备
机器人实训设备说明书	常用工具	IRB 1400 机器人
机器人安全操作规程		IRB 2400 机器人

任务完成报告 2

姓　　名		任务名称	机器人的精确定点运动
班　　级		小组成员	
完成日期		分工内容	

1. 什么是机器人的精确定点运动?

2. 写出通过菜单选择机器人精确定点运动幅度的步骤。

3. 写出通过快捷键选择机器人精确定点运动幅度的步骤。

【检测与评价】

学生自评表　　　　　　　　年　　　月　　　日

项目名称	手动操纵工业机器人	
学生姓名		班级
评价项目	评价内容	评价结果（好、较好、一般、差）
专业能力	能够熟练操作示教器使能键	
	会选择机器人运动单元	
	能够正确使用示教器摇杆	
	能够准确控制机器人各轴运动	
	能够正确更改轴运动、线性运动和重定位运动	
	能够正确选择步进幅度	
	会熟练使用快捷键快速切换	
方法能力	会查阅和使用相关标准和说明书	
	能够遵守安全操作规程	
	能够对自己的学习情况进行总结	
	能够如实对自己的工作情况进行评价	
社会能力	能够积极参与小组讨论	
	能够接受小组的分工并积极完成任务	
	能够主动对他人提供帮助	
	能够正确认识自己的错误并改正	
自我评价及反思		

学生互评表		年　月　日
项目名称	手动操纵工业机器人	
被评价人		班级
评价人		
评价项目	评价标准	评价结果
团队合作	A. 合作融洽	
	B. 主动合作	
	C. 可以合作	
	D. 不能合作	
学习方法	A. 学习方法良好，值得借鉴	
	B. 学习方法有效	
	C. 学习方法基本有效	
	D. 学习方法存在问题	
专业能力（勾选）	会选择机器人运动单元	
	能够准确控制机器人各轴运动	
	能够正确更改轴运动、线性运动和重定位运动	
	会熟练使用快捷键快速切换	
	能够遵守安全操作规程	
	能够按要求完成任务	
综合评价		

教师评价表　　　　　　年　月　日

项目名称	手动操纵工业机器人		
学生姓名		班级	
评价项目	评价内容		评价结果（好、良好、一般）
专业认知能力	能够理解任务要求的含义		
	会选择机器人运动单元		
	会正确选择步进幅度		
	能够遵守安全操作规程		
	能够正确填写试验报告记录		
专业操作技能	能够熟练操作示教器使能键		
	能够正确使用示教器摇杆		
	能够准确控制机器人各轴运动		
	能够正确更改运动模式		
	能够熟练使用快捷键进行快速切换		
	能够正确使用设备和相关工具		
社会能力	能够与他人合作		
	能够接受小组的分工		
	能够主动对他人提供帮助		
	善于表达和交流		
综合评价			

【学后感言】

【思考与练习】

1. 简述机器人安全操作规程。
2. 手动操作机器人有哪几种运动方式?
3. 如何手动控制机器人运动?
4. 什么是机器人的精确定点运动?如何调节机器人步行运动的幅度?
5. 机器人坐标系有哪几种?各在什么情况下使用?
6. 思考如何能运用机器人建立各种坐标系。

机器人示教编程

弧焊机器人在焊接时是按照事先编辑好的程序运行的，这个程序一般是由操作人员按照焊缝形状示教机器人并记录运动轨迹而形成的。机器人的程序由主程序、子程序及程序数据构成。在一个完整的应用程序中，一般只有一个主程序，而子程序可以是一个，也可以是多个。

知识目标
1）掌握常用的机器人指令。
2）掌握机器人程序的构成特点。
3）掌握机器人程序的编写和编辑方法。
技能目标
1）能够新建一个程序。
2）会编辑程序，如程序的修改、复制、粘贴、删除等。
3）能够实现程序的连续运行和单周运行。

【工作任务】

任务 1　新建和加载程序
任务 2　编辑程序

任务 1　新建和加载程序

机器人的程序编辑器中存有程序模板，类似计算机办公软件的 Word 文档模板，编程时按照模板在里面添加程序指令语句即可。

一、示教与再现

绝大多数工业机器人属于示教再现方式的机器人。"示教"就是机器人学习的过程，在这个过程中，操作人员要手把手教机器人做某些动作，机器人的控制系统会以程序的形式将其记忆下来。机器人按照示教时记录下来的程序展现这些动作，就是"再现"过程。示教再

现机器人的工作原理如图 3-1 所示。

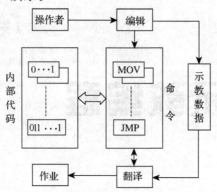

图 3-1　示教再现机器人的工作原理

示教时，操作人员通过示教器编写运动指令，也就是工作程序，然后由计算机查找相应的功能代码并存入某个指定的示教数据区，这个过程称为示教编程。

再现时，机器人的计算机控制系统自动逐条取出示教指令及其他有关数据，进行解读、计算。作出判断后，将信号送给机器人相应的关节伺服驱动器或端口，使机器人再现示教时的动作。

二、ABB 机器人程序存储器

ABB 机器人存储器包含应用程序和系统模块两部分。存储器中只允许存在一个主程序，所有例行程序（子程序）与数据无论存在什么位置，全部被系统共享。因此，所有例行程序与数据除特殊规定以外，名称不能重复。ABB 机器人存储器的组成如图 3-2 所示。

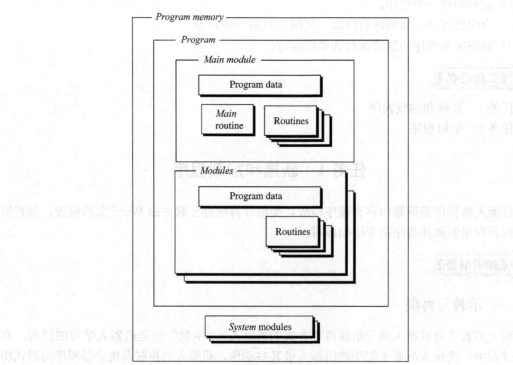

图 3-2　ABB 机器人存储器的组成

1. 应用程序（Program）**的组成**

应用程序由主模块和程序模块组成。

主模块（Main module）包含主程序（Main routine）、程序数据（Program data）和例行程序（Routines）。

程序模块（Program modules）包含程序数据（Program data）和例行程序（Routines）。

2. 系统模块（System modules）**的组成**

系统模块包含系统数据（System data）和例行程序（Routines）。

所有 ABB 机器人都自带两个系统模块：USER 模块和 BASE 模块。使用时，对系统自动生成的任何模块不能进行修改。

三、编程指令及应用

1. 基本运动指令及其应用

常用基本运动指令有：MoveL、MoveJ 和 MoveC。

MoveL：直线运动。

MoveJ：关节轴运动。

MoveC：圆弧运动。

（1）直线运动指令的应用　直线由起点和终点确定，使用直线运动指令 MoveL 时，只需示教确定运动路径的起点和终点。

例如，MoveL p1，v100，z10，tool1；（直线运动起始点程序语句）

p1：目标位置。可以自动记录位置点数据，也可以手动输入数据（在需要精确值时采用）。

v100：机器人运行速度。修改方法：将光标移至速度数据处，按"Enter"键，进入窗口；选择所需速度。

z10：转弯区尺寸。修改方法：将光标移至转弯区尺寸数据处，按"Enter"键，进入窗口；选择所需转弯区尺寸，也可以进行自定义。

tool1：工具坐标。

【小贴士】

转弯区尺寸

fine 指机器人 TCP 达到目标点（图 3-3 中的 P_2 点），在目标点速度降为零，机器人动作有停顿。焊接编程时，必须选用 fine 参数。zone 指机器人 TCP 不达到目标点，而是在距离目标点一定长度（通过编程确定，如 z10）处圆滑绕过目标点，如图 3-3 中的 P_1 点。

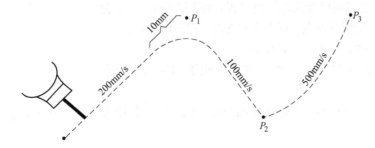

图 3-3　转弯区尺寸

例1：使机器人沿长 100mm、宽 50mm 的长方形路径运动。

如果使用示教的方法很难使机器人的运动路径为精确数值，可以采用 offs 函数精确定义运动路径。机器人的运动路径如图 3-4 所示，机器人从起始点 P_1，经过 P_2、P_3、P_4 点回到起始点 P_1。

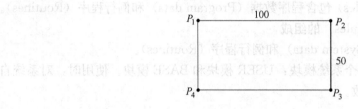

图 3-4　长方形路径

为了精确确定 P_1、P_2、P_3、P_4 点，可以采用 offs 函数，通过确定参变量的方法进行点的精确定位。offs（p_1，x，y，z）代表一个离 P_1 点 X 轴偏差量为 x，Y 轴偏差量为 y，Z 轴偏差量为 z 的点。将光标移至目标点，按 "Enter" 键，选择 Func，采用切换键选择所用函数，并输入数值。如 P_3 点程序语句为：

MoveL offs（P1，100，50，0），v100，fine，tool1

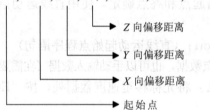

- → Z 向偏移距离
- → Y 向偏移距离
- → X 向偏移距离
- → 起始点

机器人沿长方形路径运动的程序如下：

```
MoveL offsp1，v100，fine，tool1；              P1
MoveL offs（p1，100，0，0），v100，fine，tool1；   P2
MoveL offs（p1，100，50，0），v100，fine，tool1；  P3
MoveL offs（p1，0，50，0），v100，fine，tool1；    P4
MoveL offsp1，v100，fine，tool1；              P1
```

（2）圆弧运动指令及其应用　圆弧由不在同一直线上的三点确定。机器人的运动路径为圆弧时，使用圆弧运动指令 MoveC，这时需要示教圆弧的起点、中点和终点，如图 3-5 所示。

起点为 P_0，也就是机器人的原始位置，使用 MoveC 指令会自动显示需要确定的另外两点，即中点和终点，程序语句如下：

MoveC p1，p2，v100，z1，tool1；

与直线运动指令 MoveL 一样，也可以使用 offs 函数精确定义运动路径。

例2：如图 3-6 所示，令机器人沿圆心为 P 点，半径为 80mm 的圆运动。

程序如下：

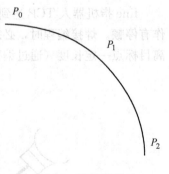

图 3-5　圆弧路径

MoveJ p，v500，z1，tool1；

MoveL offs（p，80，0，0），v500，z1，tool1；

MoveC offs（p，0，80，0），offs（p，−80，0，0），v500，z1，tool1；

MoveC offs（p，0，−80，0），offs（p，80，0，0），v500，z1，tool1；

MoveJ p，v500，z1，tool1；

2. 输入输出指令

do 指机器人输出信号，di 指输入机器人信号

输入输出信号有两种状态："1"为接通，"0"为断开。

1）设置输出信号指令

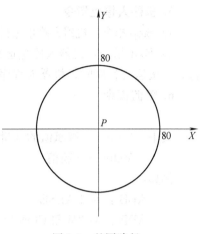

图 3-6　整圆路径

Set do1

其中　do1——输出信号名（signaldo）。将一个输出信号赋值为 1。

2）复位输出信号指令

Reset do1

其中　do1——输出信号名（signaldo）。将一个输出信号赋值为 0。

3）输出脉冲信号指令

PulseDO do1

其中　do1——输出信号名（signaldo）。输出一个脉冲信号，脉冲长度为某值。

3. 通信指令（人机对话）

1）清屏指令

TPErase

2）写屏指令

TPWrite String

其中　String——在示教器显示屏上显示的字符串。每一个写屏指令最多可显示 80 个字符。

4. 程序流程指令

1）判断执行指令 IF

```
    ↘IF<exp>THEN          %符合<exp>条件
     "Yes-part"           %执行"Yes-part"指令
    ENDIF
    ↘IF<exp>THEN          %符合<exp>条件
     "Yes-part"           %执行"Yes-part"指令
    ELSE                  %不符合<exp>条件
     "No-part"            %执行"No-part"指令
    ENDIF
```

2）循环执行指令 WHILE。运行循环执行指令时，程序循环直到不满足判断条件后，才跳出循环指令，然后执行后面的指令。

5. 机器人停止指令

1）Stop 指令：机器人停止运行，属于软停止指令，可以在下一句指令直接启动机器人。

2）Exit 指令：机器人停止运行，并且复位整个运行程序，将程序指针移至主程序第一行。下次运行程序时，机器人程序必须从头开始。

6. 赋值指令

$$Date ：= Value$$

其中　Date——被赋值的变量；

　　　Value——新值。

例如：

ABB ：= FALSE　　　　　　　（bool）

ABB ：= "WELCOME"　　　　（string）

7. 等待指令

$$WaitTime Time$$

等待指令是让机器人运行到该程序后等待一段时间（Time 为机器人等待的时间）。

四、新建与加载程序

新建与加载一个程序的步骤如下：

1）在主菜单下选择程序编辑器。

2）选择任务与程序。

3）若创建新程序，按新建，然后打开软件盘对程序进行命名；若编辑已有程序，则选加载程序，显示文件搜索工具。

4）在搜索结果中选择需要的程序，确认，程序被加载，如图 3-7 所示。为了给新程序腾出空间，可以删除先前加载的程序。

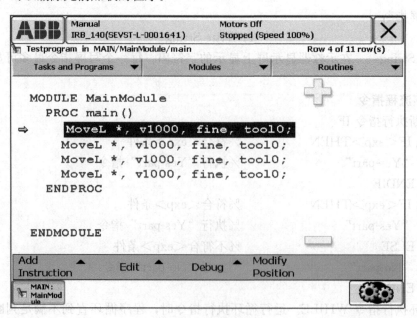

图 3-7　机器人程序

例行程序由不同的指令组成，如运动指令，等待指令等。每个指令又由不同的变量组成，可视其类型改变或省略变量。程序中各指令的含义如图 3-8 所示。

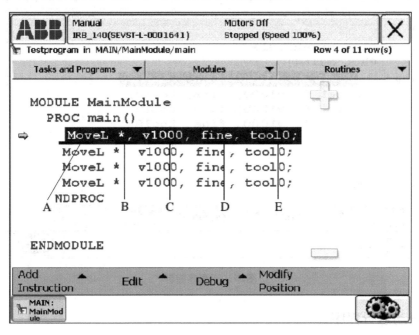

图 3-8　机器人程序中指令含义

A—直线运动指令名称　B—点位被隐藏的数值　C—可定义的运动速度

D—可定义的运动点类型（精确点）　E—有效工具

（1）调节运行速度　运行程序前，为了保证操作人员和设备的安全，应将机器人的运动速度调整到 75％或以下。速度调节方法如下：

1）按快捷键。

2）按速度模式键，显示如图 3-9 所示的快捷速度调节按钮。

3）将速度调整为 75％或 50％。

4）按快捷菜单键关闭窗口。

（2）运行程序　运行刚才打开的程序时，先用手动低速，单步执行，再连续执行。

上述程序包含 4 个指令，运行时是从程序指针指向的语句开始，可以连续运行、单步向前或单步向后执行，如图 3-10 所示的"A"所指的箭头即为程序指针。单步执行程序的步骤如下：

1）将机器人切换至手动模式。

2）按住示教器上的使能键。

3）按单步向前或单步向后键，单步执行程序。执行完一句即停止。

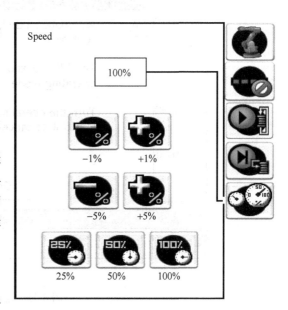

图 3-9　快捷速度调节按钮

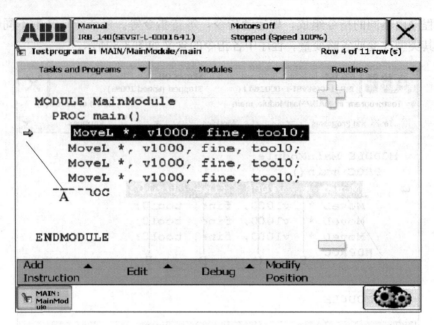

图 3-10　程序指针

五、自动运行程序

自动运行程序的步骤如下：

1）插入钥匙，将运行模式切换到自动模式，如图 3-11 所示。

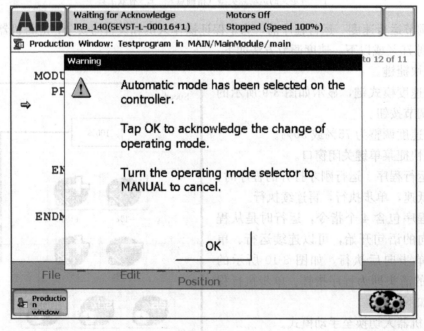

图 3-11　运行模式转换

2) 按 OK 键, 关闭对话框, 示教器上显示生产窗口, 如图 3-12 所示。

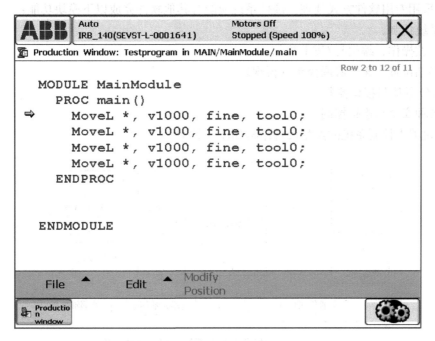

图 3-12 生产窗口

3) 按电动机上电/失电按钮激活电动机。

4) 按连续运行键开始执行程序。

5) 按停止键停止程序运行。

6) 插入钥匙, 运行模式返回手动模式。

【知识拓展】

工业机器人的控制系统

大多数工业机器人属于示教再现机器人。无论是示教过程还是再现过程, 工业机器人的控制系统均处于边工作边计算的状态中。系统在运行过程中要进行数据传输、模式切换, 以及暂停、急停和报警响应等工作, 要求控制系统能够立即处理。因此, 要求工业机器人控制系统是具有实时中断控制和多任务处理功能的专用计算机控制系统。

一、控制系统的软、硬件任务分配

一般计算机系统的软、硬件任务分配明确, 而对于工业机器人控制系统, 由于安全及运行过程的需要, 控制系统必须具有实时控制功能。因此, 工业机器人控制系统除了有明确的软、硬件分工外, 更重要的是应具有实时操作系统。另外, 工业机器人的许多任务既可用硬件完成, 也可用软件完成。这些任务的实现手段(采用硬件还是软件完成)主要取决于执行速度、精度要求及实现方式的难易程度(结构、成本及维护等)。

一般工业机器人控制系统的软、硬件任务分配如下：速度平滑控制、自动加减速控制及防振控制采用专用软件方式处理。硬件系统应配合其他软件完成以下模块功能：

1）系统控制。

2）示教操作、编程与 CRT 显示。

3）多轴位置、速度协调控制（再现）。

4）I/O 通信与接口控制。

5）各种安全与连锁控制。

工业机器人控制系统的典型硬件结构如图 3-13 所示。

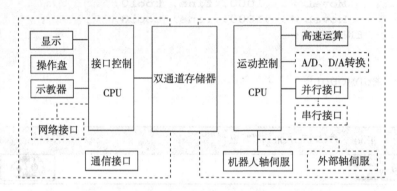

图 3-13　工业机器人控制系统的典型硬件结构

二、控制系统软件的功能

工业机器人的基本动作与软件功能如图 3-14 所示。工业机器人的柔性体现在其运动轨迹、作业条件和作业顺序能自由变更，变更的灵活程度取决于其软件的功能水平。工业机器人按照操作人员的示教动作及要求进行作业，操作人员可以根据作业结果或条件进行修正，直到满足要求为止。因此，软件系统应具有以下基本功能：

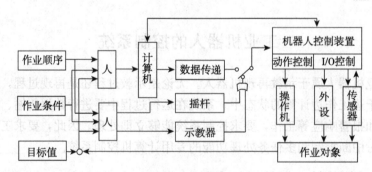

图 3-14　工业机器人的基本动作与软件功能

1）示教信息输入。

2）对机器人及外部设备动作的控制。

3）运行轨迹在线修正。

4）实时安全监测。

【任务实施】

任务书 1-1

姓　名		任务名称		加载程序
指导教师		同　组　人		
计划用时		实施地点		弧焊机器人实训室
时　间		备　注		
任务内容与目标				
使用程序编辑器加载一个程序，并分别手动、自动运行已加载程序。				
考核项目		加载一个已有程序		
		以手动模式运行已加载程序		
		以自动模式运行已加载程序		
任务准备				
资料		工具		设备
机器人实训设备说明书		常用工具		IRB 1400 机器人 IRB 2400 机器人
机器人安全操作规程				

任务完成报告 1-1

姓　　名		任务名称	加载程序	
班　　级		小组成员		
完成日期		分工内容		

1. 如何加载一个程序？

2. 写出手动运行已加载程序的步骤。

3. 写出自动运行已加载程序的步骤。

任务书 1-2

姓 名		任务名称		新建程序	
指导教师		同 组 人			
计划用时		实施地点		弧焊机器人实训室	
时 间		备 注			
任务内容与目标					
在程序编辑器中新建一个程序，能熟练使用基本运动指令组建程序。					
考核项目		新建一个程序			
		会使用三个基本运动指令			
		了解转弯半径的含义			
任务准备					
	资料		工具		设备
	机器人实训设备说明书		常用工具		IRB 1400 机器人 IRB 2400 机器人
	机器人安全操作规程				

任务完成报告 1-2

姓　　名		任务名称		新建程序
班　　级		小组成员		
完成日期		分工内容		

1. 写出新建一个程序的步骤。

2. 写出三个常用的基本运动指令，并详述语句中各参数的含义。

3. 写出转弯区尺寸的含义和使用方法。

任务 2 编辑程序

编辑程序包括修改位置点，编辑运动指令，添加指令，以及程序语句的复制、粘贴和删除等。

【知识准备】

一、修改位置点

修改位置点的步骤如下：

1）在主菜单中选程序编辑器。

2）单步运行程序，使机器人轴或外部到达希望修改的点位或附近。

3）移动机器人或外部轴到新的位置，此时指令中的工件或工具坐标已自动选择。

4）按"修改位置"，系统提示确认，如图 3-15 所示。

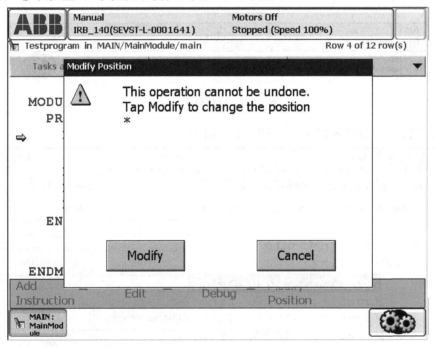

图 3-15 修改位置确认

5）确认修改按"Modify"，保留原有点按"Cancel"。

6）重复步骤 3）～5），修改其他需要修改的点。

7）单步运行，测试程序。

二、编辑指令变量

例如，修改程序的第一个 MoveL 指令，改变精确点（fine）为转弯半径 z10。步骤如下：

1）在主菜单下，选程序编辑器，进入程序，选择要修改变量的程序语句，如图 3-16 所示。

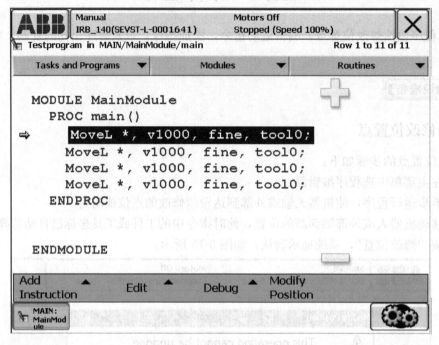

图 3-16　选择程序语句

2）按"Edit"，打开编辑窗口，如图 3-17 所示。

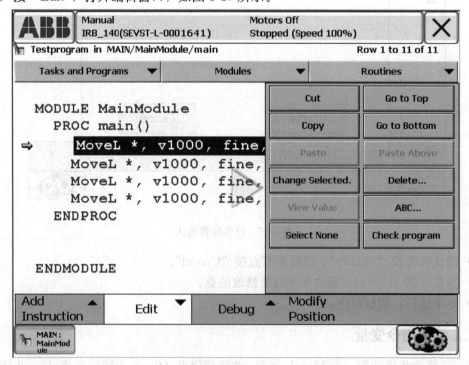

图 3-17　程序编辑窗口

3）按"Change Selected"，进入当前语句菜单，如图 3-18 所示。

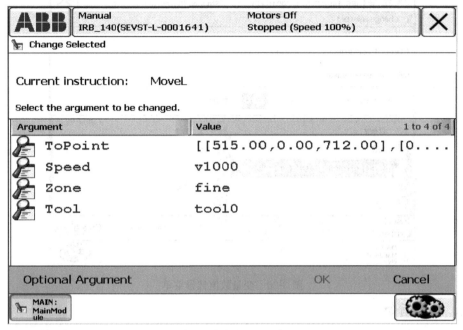

图 3-18 Change Selected 菜单

4）点"Zone"进入当前变量菜单，如图 3-19 所示。

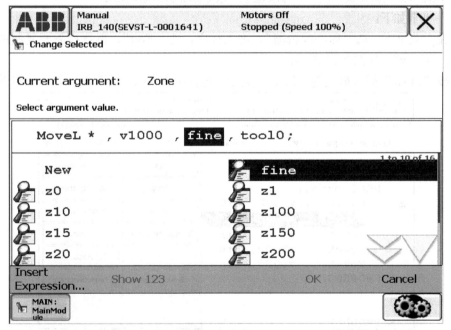

图 3-19 当前变量菜单

5）选择 z10，如图 3-20 所示，即可将 fine 改变为 z10。

6）确认。

焊接机器人编程与操作

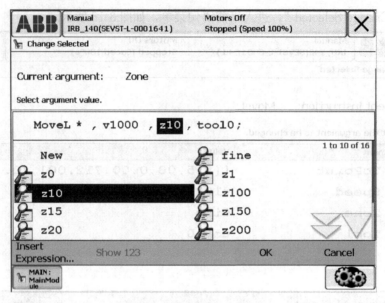

图 3-20　变量数值选择菜单

三、添加指令

在程序中添加运动指令的方法有两种，一是在程序编辑器编辑状态下复制、粘贴需要的运动指令，必要时可修改其参数；二是在程序编辑器中，将光标移动到需要添加运动指令的位置，操纵摇杆使机器人到达新位置，使用"修改位置"指令添加新的运动指令。

方法一步骤如下：

1）在主菜单下，选"程序编辑器"，进入程序，选"Edit"，再选择需要复制的变量或指令，按"Copy"，如图 3-17 所示。

2）按"Paste"插入被复制的指令，新的语句会插在光标行的下面，如图 3-21 所示。

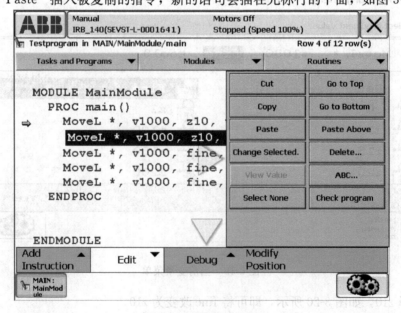

图 3-21　粘贴程序窗口

58

方法二步骤如下：

1）使用摇杆，将机器人移动到需要的位置。

2）按"Modify Position"，会显示一个确认框，如图 3-22 所示。

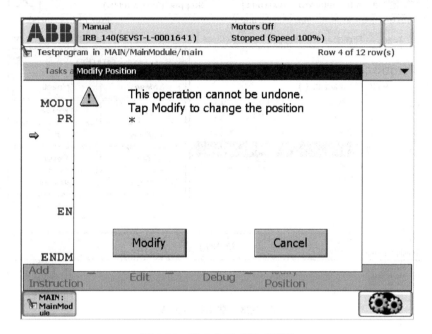

图 3-22　修改位置确认对话框

3）按"Modify"确认修改并记录修改点。

4）在连续运行状态下测试程序。

四、添加延迟等待指令

例如，机器人在某位置（对应程序第 4 行）等待 3s 后，再执行下一个动作。步骤如下：

1）在主菜单下，选择程序编辑器，进入程序。

2）将光标移到第 4 行，按"Add Instruction"，再按"Common"（常用）键显示滚动的指令类别列表，出现如图 3-23 所示的窗口。

3）在指令列表中按"Next"，选中"WaitTime"，出现如图 3-24 所示窗口。

4）按"Show 123"键，显示软件盘，如图 3-25 所示，然后按数字键 3。

5）按"OK"键，然后关闭菜单，即在程序第 4 行后添加了等待 3s 的延迟指令，如图 3-26所示。

6）在连续运行状态下测试程序。

【小贴士】

当一个程序较长，屏幕不能显示全部程序时，可以使用屏幕上的黄色光标进行上下左右滚动，也可以进行放大或缩小。各光标含义，如图 3-27 所示。

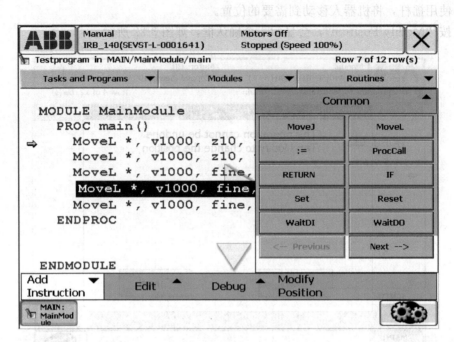

图 3-23　常用指令列表

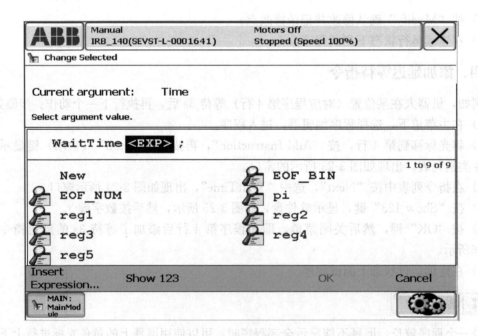

图 3-24　WaitTime 窗口

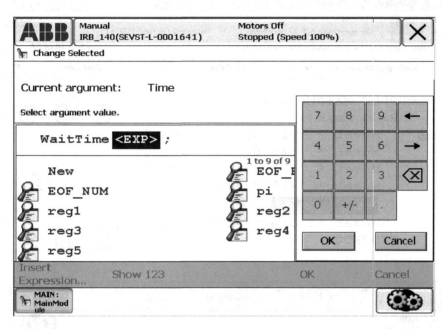

图 3-25　Show 123 软件盘

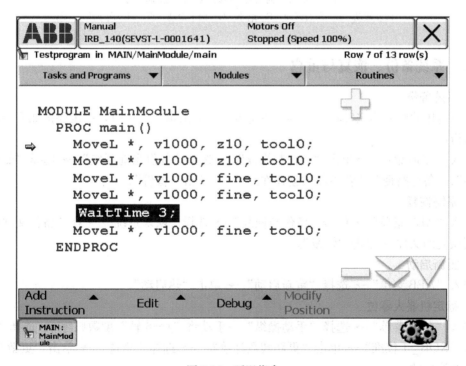

图 3-26　延迟指令

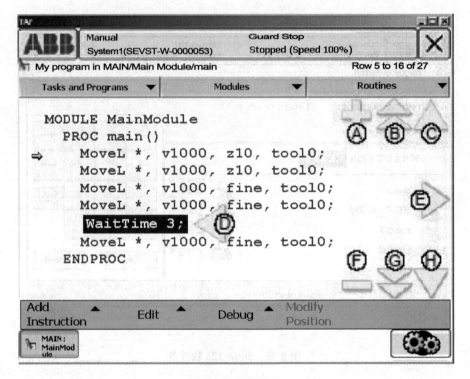

图 3-27　滚动光标

A—放大　B—向上滚动一页　C—向上滚动一行

D—向左滚动　E—向右滚动　F—缩小　G—向下滚动一页　H—向下滚动一行

五、系统备份、恢复与重启

1. 系统备份

系统应用软件的不完整将使机器人系统恢复十分困难。使用时，一定要按如下步骤做好系统备份：

进入"ABB 菜单"→单击"备份与恢复"→选择"备份当前系统"→选择"要备份的文件夹"、"备份路径"、"备份将被创建在..."→单击"备份"。

2. 系统恢复

进入"ABB 菜单"→单击"备份与恢复"→选择"恢复系统"→在"备份文件夹"中选择要恢复的文件→单击"恢复"。

3. 重新启动

进入"ABB 菜单"→选择"重新启动"→单击"热启动"。

4. 标定机器人零位

进入"ABB 菜单"→选择"手动操纵"→手动将"1—6 轴"度数归零→选择"校准"→进入"ROB_1 校准"→单击"更新转数计数器"→选择"全选"→单击"更新"→重启零点标注成功。

【任务实施】

任务书 2

姓　　名		任务名称	编辑程序		
指导教师		同 组 人			
计划用时			实施地点	弧焊机器人实训室	
时　　间			备　　注		
任务内容					
利用示教器对程序进行编辑，包括修改位置点，编辑运动指令，添加指令，程序语句的复制、粘贴及删除等。					
考核项目		修改位置点及各参数			
		添加和删除指令			
		语句的复制和粘贴			
任务准备					
资料		工具		设备	
机器人实训设备说明书		常用工具		IRB 1400 机器人 IRB 2400 机器人	
机器人安全操作规程					

任务完成报告 2

姓　　名		任务名称	编辑程序	
班　　级		小组成员		
完成日期		分工内容		

1. 如何在程序编辑状态下修改位置点？

2. 怎样添加和删除运动指令？

3. 写出复制和粘贴运动指令的步骤。

【检测与评价】

学生自评表　　　　　　　　　年　　月　　日

项目名称	机器人示教编程		
学生姓名		班级	
评价项目	评价内容		评价结果（好、较好、一般、差）
专业能力	能够新建一个新程序		
	会加载一个已有程序		
	能够正确使用 MoveL 语句进行编程		
	能够正确使用 Move C 语句进行编程		
	会修改语句的坐标点参数		
	能够修改语句中的转弯半径参数		
	能够顺利运行程序		
	会备份和恢复系统		
方法能力	会查阅和使用说明书		
	能够遵守安全操作规程		
	能够对自己的学习情况进行总结		
	能够如实对自己的工作情况进行评价		
社会能力	能够积极参与小组讨论		
	能够接受小组的分工并积极完成任务		
	能够主动对他人提供帮助		
	能够正确认识自己的错误并改正		
自我评价及反思			

学 生 互 评 表   年   月   日

项目名称	机器人示教编程		
被评价人		班级	
评价人			
评价项目	评价标准		评价结果
团队合作	A. 合作融洽		
	B. 主动合作		
	C. 可以合作		
	D. 不能合作		
学习方法	A. 学习方法良好，值得借鉴		
	B. 学习方法有效		
	C. 学习方法基本有效		
	D. 学习方法存在问题		
专业能力（勾选）	能够新建一个新程序		
	会修改语句的坐标点参数		
	能够修改语句中的转弯半径参数		
	能够顺利运行程序		
	能够按要求完成任务		
	综合评价		

教师评价表　　　　　　　　　年　　月　　日

项目名称	机器人示教编程		
学生姓名		班级	
评价项目	评价内容		评价结果（好、良好、一般）
专业认知能力	能够理解任务要求的含义		
	正确理解和使用 MOVE 语句		
	能够遵守安全操作规程		
	能够正确填写试验报告记录		
	会查阅和使用相关标准		
专业操作技能	会加载和编辑一个已有程序		
	能够新建和编辑一个新程序		
	会修改语句的坐标点参数		
	能够修改语句中的转弯半径参数		
	能够顺利运行程序和备份数据		
	能够正确使用设备和相关工具		
社会能力	能够与他人合作		
	能够接受小组的分工		
	能够主动对他人提供帮助		
	善于表达和交流		
综合评价			

【学后感言】

【思考与练习】

1. 什么是示教再现过程？

2. 机器人程序由哪几部分组成？

3. 常用的机器人运动指令有哪些？

4. 如何使机器人的运动路径为长 100mm、宽 50mm 的长方形？如何使机器人的运动路径为半径是 80mm 的圆形？

5. 如何在已有程序中添加一条"等待 3s"的指令？

6. 在哪些情况下可以应用软件盘？

7. fine 和 zone 的含义是什么？各在什么情况下应用？

8. 如何备份和恢复系统？

项 目 4

弧焊机器人与编程

焊接机器人是从事焊接作业的工业机器人，广泛应用于汽车、摩托车及其零部件制造和工程机械等行业。焊接机器人按用途分为弧焊机器人和定位焊机器人。

在一个工件上有多条焊缝时，焊接顺序将直接影响到焊接质量，各焊缝的焊接参数往往也各不相同。因此，在程序逻辑上，一般将每条焊缝的焊接过程分别设为独立的子程序，主程序可根据需要调用这些子程序。

如果要更换或增加夹具，同样可编写独立的子程序，分配独立的焊接参数，单独进行工艺实验，最后通过修改人机接口、路径规划子程序、主程序及其他辅助程序（如辅助焊点子程序），使新的子程序集成到原有的程序中。

综上所述，每条焊缝的焊接过程由相应的子程序完成，并与其他辅助程序在主程序的协调下，实现焊接系统的各项功能。要增减焊缝，只需增减焊接子程序并修改相应的辅助程序。

【学习目标】

知识目标

1）掌握机器人运动指令及其应用。

2）掌握弧焊机器人平板堆焊技术及编程方法。

3）理解两台机器人之间的通信关系（I/O信号）及应用。

技能目标

1）能够在示教器上编辑弧焊指令。

2）能够使用直线及圆弧指令编辑平板堆焊的程序，且能按要求运行并检测该程序，使焊缝符合工艺要求。

【工作任务】

任务1　弧焊机器人系统及指令

任务2　平板堆焊与编程

任务1　弧焊机器人系统及指令

弧焊机器人的应用非常广泛，在通用机械、汽车行业、金属结构、航空航天、机车车辆及造船行业等都有应用。当前的弧焊机器人可适应多品种中小批量生产，并配有焊缝自动跟踪和熔池控制等功能，可对环境的变化进行一定范围的适应性调整。

【知识准备】

一、弧焊机器人系统

弧焊机器人系统是包含焊接装置的机器人焊接工作站，一般由机器人本体、控制系统、变位机、焊接系统及安全防护设备组成，如图 4-1 所示。

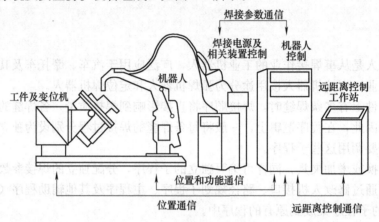

图 4-1　弧焊机器人系统

1. 机器人本体

弧焊过程中，要求焊枪严格按焊道轨迹运动，并不断填充焊丝。焊枪喷嘴的运动轨迹、焊枪姿态及焊接规范都要求精确控制。因此，机器人运动过程中，速度的稳定性和轨迹精度是非常重要的硬性指标。弧焊机器人通常是具有 6 个自由度的关节式工业机器人，可以较高的位置精度和最佳的路径到达指定位置。

2. 变位机

变位机是弧焊机器人系统的重要组成部分，其作用是将被焊工件平移或旋转到最佳焊接位置。通常，变位机是通过夹具来装夹、定位工件的。变位机的负载能力和运动方式可根据待焊工件的特点进行选择。

3. 机器人控制系统

机器人控制系统是整个弧焊机器人系统的神经中枢，包括计算机硬件、软件和一些专用电路，负责系统工作过程中的信息处理和过程控制。

4. 焊接系统

焊接系统是完成焊接作业的核心装备，由焊接电源、焊枪、气路系统、水路系统及焊接控制器等部分组成。

根据焊接工艺要求，经常会遇到需要焊枪摆动的情况，且要求机器人在每个摆动周期中的停顿点处按给定的时间停顿。

弧焊机器人多采用气体保护焊（如 MAG、MIG 等），逆变式、晶闸管式的脉冲或直流电源均可以作为焊接电源，但为了实现控制柜对焊接电源的数字控制，要求焊接电源必须具有适应机器人控制柜的数据接口。同时，还要求焊接电源具有 100% 的负载持续率。

为保证焊接过程送丝稳定，一般将送丝机构安装在机器人手臂或底座上，这样可以使焊枪到送丝机构的软管较短，有利于送丝稳定。

二、弧焊指令

弧焊指令的基本功能与普通"Move"指令一样，可实现运动及定位。另外，弧焊指令还包括三个焊接参数：sm（seam），wd（weld），wv（weave）。

（1）ArcL（直线焊接，Linear Welding）　直线弧焊指令，类似于 MoveL，包含如下 3 个选项：

1）ArcLStart：开始焊接。

2）ArcLEnd：焊接结束。

3）ArcL：焊接中间点。

（2）ArcC（圆弧焊接，Circular Welding）　圆弧弧焊指令，类似于 MoveC，包括 3 个选项：

1）ArcCStart：开始焊接。

2）ArcCEnd：焊接结束。

3）ArcC：焊接中间点。

（3）Seam1（弧焊参数，Seamdata）　弧焊参数的一种，定义起弧和收弧时的相关参数，含义见表 4-1。

表 4-1　Seam1 中的参数

弧焊参数（指令）	指令定义的参数
Purge _ time	保护气管路的预充气时间
Preflow _ time	保护气的预吹气时间
Bback _ time	收弧时焊丝的回烧量
Postflow _ time	收弧后保护气体的吹气时间（为防止焊缝氧化）

（4）Weld1（弧焊参数，Welddata）　弧焊参数的一种，定义焊接参数，含义见表 4-2。

表 4-2　Weld1 中的参数

弧焊参数（指令）	指令定义的参数
Weld _ speed	焊接速度，单位是 mm/s
Weld _ voltage	焊接电压，单位是 V
Weld _ wirefeed	焊接时送丝系统的送丝速度，单位是 m/min

（5）Weave1（弧焊参数，Weavedata）　弧焊参数的一种，定义摆动参数，含义见表 4-3。

表 4-3　Weave1 中的参数

弧焊参数（指令）	指令定义的参数	
Weave _ shape 焊枪摆动类型	0	无摆动
	1	平面锯齿形摆动
	2	空间 V 字形摆动
	3	空间三角形摆动

（续）

弧焊参数（指令）	指令定义的参数	
Weave_type 机器人摆动方式	0	机器人所有的轴均参与摆动
	1	仅手腕参与摆动
Weave_length		摆动一个周期的长度
Weave_width		摆动一个周期的宽度
Weave_height		空间摆动一个周期的高度

（6）\On 可选参数，令焊接系统在该语句的目标点到达之前，依照 Seam 参数中的定义，预先启动保护气体，同时将焊接参数进行数模转换，送往焊机。

（7）\Off 可选参数，令焊接系统在该语句的目标点到达之时，依照 Seam 参数中的定义，结束焊接过程。

三、弧焊指令的应用

1. 编写弧焊程序语句

1）操纵机器人定位到所需位置。

2）切换到编程窗口，IPL1：Motion&Process。

3）选择 ArcL 或 ArcC，出现如图 4-2 所示的编辑窗口。确认后指令将被直接插入程序，指令中的焊接参数仍然保持上一次编程时的设定。

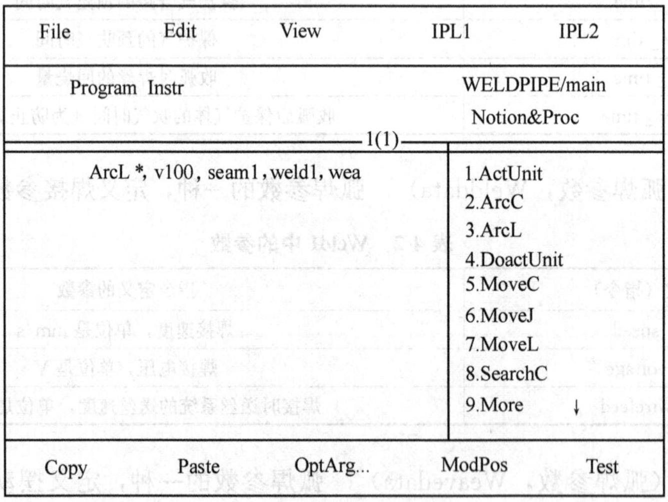

File	Edit	View	IPL1	IPL2
Program Instr			WELDPIPE/main	
			Notion&Proc	
1(1)				
ArcL *, v100, seam1, weld1, wea			1.ActUnit 2.ArcC 3.ArcL 4.DoactUnit 5.MoveC 6.MoveJ 7.MoveL 8.SearchC 9.More ↓	
Copy	Paste	OptArg...	ModPos	Test

图 4-2 弧焊指令编辑窗口

4）修改焊接参数，例如 seam1。选中该参数并按"Enter"键，出现如图 4-3 所示的窗口，刚才被选中的参数前有一个"?"，窗口的下半部分列出了所有可选的该类型的参数。选中需要的参数或新建一个，按"Enter"键后即完成对该参数的替换。按"Next"功能键可令"?"移动到下一个参数。最后按"OK"功能键确认。

```
Instruction Arguments
ArcL *,v100,?seam1,weld1,weave1,z10,gun1


Seam datal seam1
─────────────────────────────────────── 1(2)

New...              seam1              seam2
seam3               seam4



Next        Func        More...        Cancel        OK
```

图 4-3　焊接参数修改窗口

采用上述方法也可以对 weld1 进行修改。

2. 典型语句示例

　　　　ArcL \ On　p1，v100，seam1，weld1，weave1，fine，gun1；
通常，程序中显示的是参数的简化形式，如 sm1、wd1 及 wv1 等。

ArcL \ On：直线移动焊枪，预先启动保护气。

p1：目标点的位置，同普通的 Move 指令。

v100：单步（FWD）运行时的焊枪移动速度，在焊接过程中被 Weld _ speed 取代。

fine：zonedata，同普通的 Move 指令，但焊接指令中一般均用 fine。

gun1：tooldata，同普通的 Move 指令，定义工具坐标系参数，一般不用修改。

3. 典型焊缝程序示例

机器人运行轨迹与焊缝示意图如图 4-4 所示，机器人从起始点 $P10$ 运行到点 $P20$，并从此处起弧开始焊接，焊接到点 $P80$ 熄弧，停止焊接，但机器人继续运行到点 $P90$，停止移动。

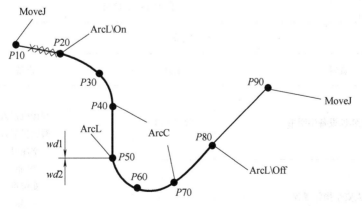

图 4-4　机器人运行轨迹

程序如下：

MoveJ p10，v100，z10，torch；

ArcL\On p20，v100，sm1，wd1，wv1，fine，torch；

ArcC p30，p40，v100，sm1，wd1，wv1，z10，torch；

ArcL p50，v100，sm1，wd1，wv1，z10，torch；

ArcC p60，p70，v100，sm1，wd2，wv1，z10，torch；

ArcL\Off p80，v100，sm1，wd2，wv1，fine，torch；

MoveJ p90，v100，z10，torch。

【任务实施】

任务书 1-1

姓　名		任务名称	弧焊机器人系统及指令	
指导教师		同　组　人		
计划用时		实施地点	弧焊机器人实训室	
时　间		备　注		
任务内容				
能熟练使用常用的弧焊指令，了解各焊接参数的含义。				
考核项目		会使用常用的弧焊指令		
		各焊接参数的使用		
		保护气体的控制		
任务准备				
	资料		工具	设备
	机器人实训设备说明书		常用工具	焊接机器人 搬运机器人 空压机 气瓶 变位机 夹具
	机器人安全操作规程			

任务完成报告 1-1

姓　名		任务名称	弧焊机器人系统及指令
班　级		小组成员	
完成日期		分工内容	

1. 写出常用的两个弧焊指令语句。

2. 简述语句中各参数的含义。

3. 写出开启和关闭保护气的步骤。

任务书 1-2

姓　名		任务名称		弧焊指令的应用
指导教师		同　组　人		
计划用时		实施地点		弧焊机器人实训室
时　间		备　注		
任务内容				
能使用程序编辑器编辑、修改弧焊指令及其参数，并能按焊缝示意图总体设计机器人运行及焊接轨迹。				
考核项目	选中弧焊语句，显示编辑窗口			
	修改语句中的各参数			
	按焊缝示意图总体设计机器人运行及焊接轨迹			
任务准备				

资料	工具	设备
机器人实训设备说明书	常用工具	焊接机器人 搬运机器人 空压机 气瓶 变位机 夹具
机器人安全操作规程		

任务完成报告 1-2

姓 名		任务名称	弧焊指令的应用
班 级		小组成员	
完成日期		分工内容	

1. 如何修改弧焊指令中的各参数?

2. 写出典型的焊接语句 ArcL\On p1, v100, seam1, weld1, weave1, fine, gun1 的含义。

3. 如何按焊缝示意图设计机器人的运行轨迹?

任务 2　平板堆焊与编程

在平板表面进行堆焊是最简单的焊接方式，无论是手工操作还是自动焊接，都是最容易实现的。本任务要求用 CO_2 焊在低碳钢表面平敷堆焊不同宽度的焊缝，练习各种焊接参数的选择。

【知识准备】

一、CO_2 焊工艺及焊前准备

1. CO_2 焊工艺特点

CO_2 焊工艺一般包括短路过渡和细滴过渡两种。

短路过渡工艺采用细焊丝、小电流和低电压。焊接时，熔滴细小而过渡频率高，飞溅小，焊缝成形美观。短路过渡工艺主要用于焊接薄板及全位置焊接。

细滴过渡工艺采用较粗的焊丝，焊接电流较大，电弧电压也较高。焊接时，电弧是连续的，焊丝熔化后以细滴形式进行过渡，电弧穿透力强，母材熔深大。细滴过渡工艺适于中厚板焊件的焊接。

CO_2 焊的焊接参数包括焊丝直径、焊接电流、电弧电压、焊接速度、保护气流量及焊丝伸出长度等。如果采用细滴过渡工艺进行焊接，电弧电压必须在 34～45V 范围内，焊接电流则根据焊丝直径来选择。对于不同直径的焊丝，实现细滴过渡的焊接电流下限是不同的，见表 4-4。

表 4-4　细滴过渡的电流下限及电压范围

焊丝直径/mm	电流下限/A	电弧电压/V
1.2	300	
1.6	400	34～45
2.0	500	
4.0	750	

2. 焊前准备

工件材料：低碳钢。

工件尺寸（mm）：$300 \times 400 \times 10$。

CO_2 气体纯度：99.5％以上。

焊接参数：见表 4-5。

表 4-5　平板堆焊焊接参数

焊丝直径/mm	电流下限/A	电弧电压/V	焊接速度/（m/h）	保护气流量/（L/min）
1.2	300	34～45	40～60	25～50

二、编程与焊接

ABB 弧焊机器人系统带外部轴（变位机）和夹具。

（1）工件安装与夹紧 使用平板焊接夹具，将工件安放在夹具上，夹紧。

（2）新建程序 打开程序编辑器，新建程序。

（3）确定引弧点 手动操纵焊接机器人，使焊丝对准工件上引弧点，选择 ArcL\On。

（4）修改焊接参数 按表 4-5 修改各项焊接参数。

（5）确定熄弧点 手动操纵焊接机器人并定位到工件上的熄弧位置，选择 ArcL\Off。

（6）焊枪回原位或规定位置 手动操纵焊接机器人，使焊枪回到原始位置或规定位置。

（7）运行程序 先空载运行此程序，再进行焊接。

三、手动调节

1. Process blocking 禁止

在空载运行或调试焊接程序时，需要使用禁止焊接功能；或者禁止其他功能，如禁止焊枪摆动等。方法是：选择"Arcweld"，进入 Blocking 窗口，如图 4-5 所示；在窗口的下半部分列出了可被禁止的功能，用光标选中即可。

选"Block"功能键以禁止该功能，按"Cancel"功能键恢复，按"OK"功能键确认。

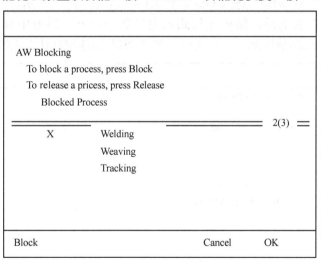

图 4-5 禁止功能选择

2. Manual wirefeed 手动送丝

在确定引弧位置时，常常要使焊丝有合适的伸出长度并与工件轻轻接触，故需要使用手动送丝功能。方法如下：选择"Arcweld"进入 Manual wirefeed 窗口，如图 4-6 所示。

按住"Fwd"功能键，焊丝会以 50mm/s 的速度送出；松开"Fwd"功能键，送丝即停止。按"OK"功能键确认并关闭该窗口。

该功能只能使焊丝送出，但不能抽回。如果送出的焊丝长度超过要求，则需要手工剪断。

```
AW Manual Wirefeed
    To feed forward, press Fwd
    To feed backward, press Bwd



    The wirefeed is going on as long as
    the function key is pressed.



Fwd          Bwd                              OK
```

图 4-6 手动送丝

3. Manual gas on/off 手动控制保护气

保护气的流量对焊接质量有重要影响，焊接时的保护气流量必须在焊前准备过程中调节好。方法是：选择 "Arcweld" 进入 Gas On/Off 窗口，如图 4-7 所示。

按住 "Gas on" 功能键，保护气气路的电磁阀被打开，焊枪中有保护气送出；松开 "Gas on" 功能键，气路被切断，终止送气。按 "OK" 功能键确认并关闭该窗口。

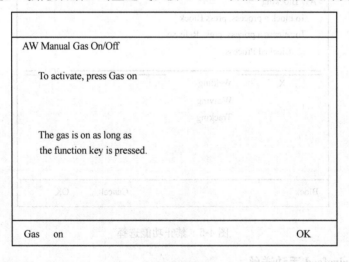

```
AW Manual Gas On/Off


    To activate, press Gas on



    The gas is on as long as
    the function key is pressed.



Gas    on                                     OK
```

图 4-7 手动控制保护气

【小贴士】

焊接编程技巧

1）选择合理的焊接顺序，以减小焊接变形，缩短焊枪行走路径长度。

2）焊枪过渡时，应使其移动轨迹较短、平滑、安全。

3）优化焊接参数。为了获得最佳的焊接效果，应制作工艺试板进行焊接试验和工艺评定。

4）合理确定变位机位置和焊枪姿态。工件在变位机上夹紧之后，若焊缝不是理想的位置与角度，就要求编程时不断调整变位机，使焊缝按照焊接顺序逐次达到水平位置。同时，要不断调整机器人各轴，合理地确定焊枪姿态和焊丝伸出长度。工件夹紧之后，焊枪姿态由编程者观察确定，难度较大，需要编程者善于总结、积累经验。

5）及时插入清枪程序。编写一定长度的焊接程序后，应及时插入清枪程序，可以防止焊接飞溅堵塞焊枪喷嘴，保持焊枪清洁，提高喷嘴的寿命，确保可靠引弧。

6）编制程序一般不能一步到位，要在焊接过程中不断检验和修改程序，调整焊接参数及焊枪姿态等。

【任务实施】

任务书 2

姓　名		任务名称	平板堆焊与编程
指导教师		同组人	
计划用时		实施地点	弧焊机器人实训室
时　间		备　注	
任务内容			
用 CO_2 作为保护气，使用直径为 1.2mm 的 H08Mn2SiA 焊丝在低碳钢表面平敷堆焊不同宽度的焊缝，每条焊缝改变一个焊接参数，如焊接电流、电弧电压及焊接速度，并相应改变保护气流量。			
考核项目		在低碳钢表面堆焊	
		改变焊接电流、电弧电压及焊接速度进行焊接	
		改变保护气流量	
任务准备			
资料		工具	设备
机器人实训设备说明书 机器人安全操作规程		常用工具	焊接机器人 搬运机器人 空压机 气瓶 变位机 夹具

任务完成报告 2

姓　　名		任务名称	平板堆焊与编程
班　　级		小组成员	
完成日期		分工内容	

1. 写出平板堆焊的编程步骤。

2. 简述改变焊接电流及电弧电压的过程。

3. 写出手动送丝、手动送保护气的方法，以及如何空载运行焊接程序。

【检测与评价】

学生自评表　　　　　　　　　年　　月　　日

项目名称	弧焊机器人与编程		
学生姓名		班级	
评价项目	评价内容	评价结果（好、较好、一般、差）	
专业能力	能够正确添加 Arc 弧焊指令		
	会修改焊接起弧点和熄弧点的位置		
	能够正确选择转弯半径为 Fine		
	能够编辑焊接参数		
	能够正确进行手动调节送丝		
	能够正确调节保护气流量		
	弧焊程序能顺利运行和焊接		
方法能力	会查阅和使用相关标准和说明书		
	能够遵守安全操作规程		
	能够对自己的学习情况进行总结		
	能够如实对自己的工作情况进行评价		
社会能力	能够积极参与小组讨论		
	能够接受小组的分工并积极完成任务		
	能够主动对他人提供帮助		
	能够正确认识自己的错误并改正		
自我评价及反思			

学生互评表　　　　　　　年　月　日

项目名称	弧焊机器人与编程		
被评价人		班级	
评价人			
评价项目	评价标准		评价结果
团队合作	A. 合作融洽		
	B. 主动合作		
	C. 可以合作		
	D. 不能合作		
学习方法	A. 学习方法良好，值得借鉴		
	B. 学习方法有效		
	C. 学习方法基本有效		
	D. 学习方法存在问题		
专业能力（勾选）	能够正确添加 Arcl 弧焊指令		
	能够正确添加 Arcc 弧焊指令		
	会修改焊接起弧点和息弧点的位置		
	能够编辑焊接参数		
	能够正确进行手动调节送丝		
	能够正确调节保护气流量		
	能够按要求完成任务		
综合评价			

教师评价表   年   月   日

项目名称	弧焊机器人与编程	
学生姓名		班级
评价项目	评价内容	评价结果（好、良好、一般）
专业认知能力	能够理解任务要求的含义	
	能够正确理解和使用 Arc 弧焊指令	
	掌握焊接程序中 Fine 的应用	
	能够遵守安全操作规程	
	能够正确填写试验报告记录	
	会查阅和使用相关标准	
专业操作技能	会修改焊接起弧点和熄弧点的位置	
	能够选择和编辑焊接参数	
	能够正确进行手动调节送丝	
	能够正确调节保护气流量	
	能够正确完成平板对接的编程	
	能够正确使用设备和相关工具	
社会能力	能够与他人合作	
	能够接受小组的分工	
	能够主动对他人提供帮助	
	善于表达和交流	
综合评价		

【学后感言】

_____

_____

_____

_____

_____

_____

_____

_____

_____

_____

【思考与练习】

1. 常用的弧焊指令有哪些?

2. 编程中常用的焊接参数有哪些?

3. 举例说明典型焊接语句中各参数的含义及调节方法。

4. 弧焊机器人系统包括哪几个部分? 有哪些特殊要求?

5. 如何使用常用的手动控制功能?

项 目 5

典型接头的焊接与编程

由于焊件的结构及使用条件不同，焊接接头形式和坡口形式也不同。焊接接头形式有对接接头、T形接头、角接接头、搭接接头、十字接头、端接接头、套管接头、卷边接头及锁底接头等，常用的有对接接头、T形接头、角接接头及搭接接头。

使用弧焊机器人时，需要在焊接之前把工件装配好，再选择合适的夹具将其固定后才能进行编程和焊接。

【学习目标】

知识目标

1）掌握弧焊机器人系统的特点。

2）掌握机器人之间的协调配合操作方法。

3）了解弧焊机器人的编程步骤。

技能目标

1）正确理解弧焊机器人程序指令。

2）能够编写两个机器人配合完成工件的搬运与焊接的示教程序。

【工作任务】

任务1　平板对接接头的焊接与编程

任务2　圆管对接接头的焊接与编程

任务1　平板对接接头的焊接与编程

进行中厚板的平板对接焊时，往往需要开坡口并进行多层焊，有时为了保证焊透，还需要预留间隙。这时需要的焊接参数，尤其是每层焊道的焊接电流是不同的，而在打底焊完成之后进行的填充焊及盖面焊往往还需要摆动焊接。

两板的对接焊如果不预留间隙，可以由机器人分别搬运并在夹具上对接夹紧，然后再进行焊接；如果需要预留间隙，就要在机器人搬运之前进行手工定位焊，再由机器人搬运、夹紧并进行焊接。

【知识准备】

一、输入/输出信号

在一个由多个机器人与变位机组成的系统中，当需要机器人之间或机器人与变位机之间协调运动时，就要在两个机器人之间或机器人与变位机之间进行通信，可通过"输入/输出信号"功能来完成。

1. 添加输入/输出指令

1）在主菜单下，选程序编辑器。

2）新建或打开程序。

3）选择需要添加指令的程序语句，如图5-1所示。

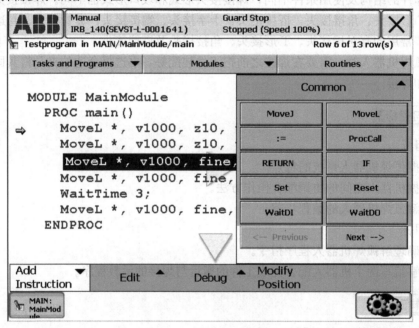

图5-1　程序语句的选取

4）按"Common（常用）"键显示滚动列表，向下滚动，直到找到I/O指令，如图5-2所示。

5）选中I/O，按"Set"键，显示如图5-3所示的对话框。

6）选择USERDO4，按"OK"键。

7）关闭添加指令菜单，显示如图5-4所示的窗口。

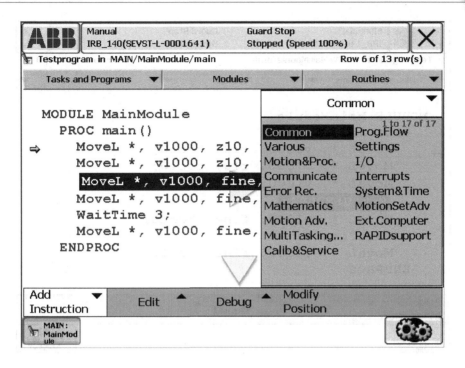

图 5-2　滚动显示的指令列表

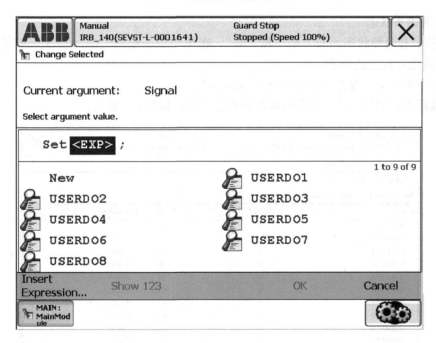

图 5-3　I/O选项列表

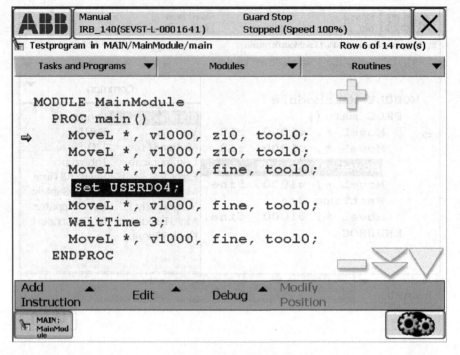

图 5-4   添加的 I/O 信号

2. 查看信号状态

I/O 信号有两种状态，即 "是" 和 "非"，在程序中一般用 "0" 和 "1" 来表示。查看和改变 I/O 信号的方法如下：

1）在主菜单下，选择 "Inputs and Outputs"。

2）选择 USERDO4，可以看到其状态值为 "0"，如图 5-5 所示。

图 5-5   I/O 信号值

3）将上述的 I/O 信号值改为"1"。

4）再次运行程序，并观察相应的变化。

二、平板对接焊的编程及程序解读

由焊接机器人和搬运机器人组成的弧焊机器人系统如图 5-6 所示。

图 5-6　由搬运机器人和焊接机器人组成的弧焊机器人系统

焊接之前，要对两个工件进行固定装配。焊接时，搬运机器人将工件从工作台拿起并搬运到焊接位置后发出信号，焊接机器人开始运动。焊枪到达工件引弧点时，启动焊接程序进行焊接。焊接完成之后，焊接机器人回到指定位置并发出信号，搬运机器人再将工件搬运到指定位置。至此，整个自动化焊接过程完成。

1. 搬运机器人（2400 机器人）**主程序**

编制搬运机器人主程序的步骤如下：

1）运行初始化程序。

2）确认无误后，按下双手按钮，运行检查产品子程序。

3）确认无误后，输出一个机器人回到原点（或安全位置）的信号。

4）拿起工件并运行到达待焊位置。

5）给焊接机器人发送一个"握手"信号。"握手"是指两个机器人的配合协作，当搬运机器人把工件放到一个指定位置后，发送信号给焊接机器人；焊接机器人收到指令后，移动到指定位置对工件进行焊接。两个机器人的"握手"过程实际上是由一个握手程序来实现的。

6）焊接完成后，焊接机器人发送一个焊接完成指令，然后回到指定位置。

7）搬运机器人将工件搬运到指定位置。

PROC main（）　　　　　　　　搬运主程序

　InitAll;　　　　　　　　　初始化程序

　while true do　　　　　　　初始化程序设置的条件为 True 时，运行下面程序

If bProgStart＝true and di07＿Product1 双手按下操作台上的两个按钮且工件 1 位置放置
    ＝1 then   正确
  bProgStart：＝false;   布尔变量设为"假"，避免循环
  ChkProduct1;   检查工件 1（子程序）
  Setdo do06＿AllReady，0; 输出准备好信号为零
  Setdo doD11＿RobHome，0; 输出机器人在原位的信号
  PickProduct1;   拿起工件 1
  Setdo do07＿WeldOk，1; 输出焊接完成信号
  Setdo doD11＿RobHome，1; 输出机器人在原位的信号
  bProgStart：＝false;   布尔变量设为"假"，避免循环

2. 握手程序

PROC rHandShake（num nHandShakeNo）
  TryAgian：
  If nHandShakeNo<1or nHandShakeNo>15 then 如果握手次数少于 1 或者大于 15 时，则
    TPErase;   擦屏
    TPWrite" －－－－－HANDSHAKE－－－－－"; 写屏报错
    TPWrite" Handshaking is now ready to"; 写屏报错
    TPWrite" use with values between："; 写屏报错
    TPWrite" 1and" \Num：＝15; 写屏报错
    Stop;   停止
    Endif
  SetGO goD＿HShake，nHandShakeNo; 输出握手信号
  TPErase;   擦屏
  TPWrite" －－－－－HANDSHAKE－－－－－"; 写屏报错
  TPWrite" Handshake pos Number：" \Num： 写屏报错
  ＝nHandShakeNo;
  TPWrite" Waiting for other robot!"; 写屏报错
  WaitUntil giD＿HShake＝nHandShakeNo; 等待直到握手输入信号为握手次数
  WaitTime 0.8;   等待 0.8s
  SetGOgoD＿HShake，0; 设置输出握手信号为假
  bHandShakeOK：＝FALSE; 握手的布尔变量设为假
  nHandShakeNo：＝0; 握手次数设为 0
  nReadValue：＝0; 读取值设为 0
  ENDPROC

  编写 rHandShake（握手程序）子程序，首先要考虑握手的次数，只有在 1～15 次以内才能正常运行，输出握手信号。为了清除焊接过程中焊枪喷嘴内粘连的飞溅物，规定焊接次数超过 15 次要进行一次清枪。在上述程序中，握手次数在规定范围之内，搬运机器人向焊

接机器人发出一个"握手指令",等待 0.8s 后,所有变量都恢复初始值。

3. 焊接机器人(1400 机器人)**主程序**

编写焊接机器人主程序按照以下步骤进行:

1)程序初始化。

2)确定无误后,运行焊接产品 1 程序(焊接子程序)。

3)等待 0.5s。

4)向搬运机器人发送焊接完成信号,焊接机器人回到原位。

5)焊接机器人每完成一次焊接,都要进行计数(焊接次数达到一定值时,进行清枪)。

PROC main ()	焊接主程序
InitAll;	初始化程序
while true do	初始化程序设置的条件为 True 时,运行下面程序
If bProgStart=true and diD07 _ Product1=1 then	若工件 1 的位置放置正确
bProgStart:=FALSE;	布尔量设为"假",避免循环
rWeldProduction;	焊接工件 1
PulseDO\PLength:=0.5,doD02 _ WeldOk;	等待 0.5s,输出焊接完成信号
nCounter:=nCounter+1;	计数

【任务实施】

任务书 1

姓　名		任务名称	平板对接接头的焊接与编程
指导教师		同　组　人	
计划用时		实施地点	弧焊机器人实训室
时　间		备　注	
任务内容			
使用由搬运机器人和焊接机器人组成的弧焊机器人系统进行低碳钢平板对接焊。两板对接不预留间隙,在机器人搬运之前进行手工定位焊,再由机器人搬运并进行焊接。			
考核项目	两个机器人之间的通信(I/O信号)		
	识读搬运子程序		
	识读焊接子程序		
	系统程序的连续运行		
任务准备			

资料	工具	设备
机器人实训设备说明书	常用工具	焊接机器人 搬运机器人 焊机
机器人安全操作规程		保护气 空压机

焊接机器人编程与操作

任务完成报告1

姓　名		任务名称	平板对接接头的焊接与编程
班　级		小组成员	
完成日期		分工内容	

1. 写出添加 I/O 指令的步骤。

2. 如何编写搬运子程序与焊接子程序？

3. 为何要进行弧焊机器人系统的程序初始化？

94

任务 2   圆管对接接头的焊接与编程

由两个及以上机器人组成的机器人系统的编程，与单个机器人（包含变位机）工作站的编程相比要复杂得多。机器人系统的主程序只有 1 个，而子程序可以有很多个。如焊接机器人的焊接过程就可以设置成独立的子程序，在主程序运行到焊接部分时调用此子程序即可，这样可以使主程序简化。

【知识准备】

一、弧焊机器人工作站

弧焊机器人工作站一般由以下几个部分组成。

1. 工业机器人

工业机器人是弧焊机器人工作站的核心，应尽可能选择标准的工业机器人，其控制系统一般随机器人型号已经确定。对于某些特殊要求，如需要再提供几套外部联动的控制单元、视觉系统或相关传感器等，可以单独提出，从机器人生产厂家购买。

2. 机器人末端执行器

末端执行器是机器人的主要辅助设备，也是弧焊机器人工作站的重要组成部分。同一个机器人由于安装了不同的末端执行器，会完成不同的作业。由于生产场合不同，多数情况下，末端执行器需要专门设计，它与机器人的型号、总体布局及工作顺序都有直接关系。

3. 夹具和变位机

夹具和变位机是固定工件并改变其相对于机器人的位置和姿态的设备。

4. 机器人架台

机器人安装在机器人架台上，故架台必须具有足够的刚性。对不同的作业对象，架台可以是标准直立支撑座、侧支座或倒挂支座。为了加大机器人的工作空间，架座可以被设计成移动式。

5. 配套及安全装置

配套及安全装置是机器人及其辅助设备的外围设备及配件，它们各自相对独立，又比较分散，但每一部分都是不可缺少的。它包括配套设备、电气控制柜、操作箱、安全保护装置及线管保护装置等。例如，弧焊机器人工作站中的焊接电源、焊枪和送丝机构是一套独立的配套设备，安全栅及操作区的对射型光电管等起安全保护作用。

6. 动力源

机器人的周边设备多采用气、液作为动力，因此，常需配置气、液压站以及相应的管线、阀门等装置。

7. 储运设备

工件常需在工作站中暂存、供料、移动或翻转，所以工作站也常配置暂置台、供料器、移动小车或翻转台架等设备。

8. 检查、监视和控制系统

检查和监视系统对于某些工作站来说是非常必要的，特别是用于生产线的工作站。机器人工作站多是一个自动化程度相当高的工作单元，备有独立的控制系统。目前多使用 PLC 系统，该系统既能管理本站正常工作，又能和上级管理计算机相连，向它提供各种信息。

二、焊前准备

工件材料：低碳钢。

工件尺寸：$\phi 160mm \times 6mm$。

CO_2 气体纯度：99.5% 以上。

焊接参数：见表 5-1。

表 5-1　焊接参数

焊丝直径/mm	焊接电流/A	电弧电压/V	焊接速度/（m/h）	保护气流量/（L/min）
1.2	300	34～45	40～60	25～50

三、圆管对接焊的编程及程序解读

由搬运机器人、焊接机器人和变位机组成的机器人系统如图 5-7 所示，它可以实现工件的搬运、装卸与焊接工作的完全自动化。

工作时，搬运机器人将料台上的待焊工件放到夹具（工作台）上，夹具自动夹紧，搬运机器人回原位或指定位置，并发出信号；焊接机器人接到信号后开始运行，到达引弧点并启动焊接程序进行焊接，焊接完成后回到原位或指定位置，并发出信号；搬运机器人接收信号后，将已经焊完的工件搬运到指定位置。至此，一个完整的自动化焊接过程完成。

图 5-7　由搬运机器人、焊接机器人和变位机组成的机器人系统

（一）搬运机器人（2400 机器人）程序

搬运机器人工作步骤如下：

1）运行初始化程序。

2）确定无误后，按下双手按钮，机器人回到原点（或安全位置）。

3）准备就绪灯亮。

4）运行并检查工件子程序。

5）确认无误后，拿起工件。

6）等待 0.5s，向焊接机器人发送焊接指令，等待焊接。

7）焊接完成后，打开全部气缸（搬运机器人和变位机上的夹具全部松开）。

8）搬运机器人运行，将焊接完成的工件放回到工件台上，焊接完成灯亮。

9）机器人回到原点（零位）。

10）将焊接完成设置为假。

1. 搬运机器人主程序

```
PROC main（）
    InitAll；                                    初始化程序
    While true do                                初始化程序设置的条件为 True 时，
                                                 运行下面程序
If bProgStart＝true and diD _ 05 _ Product1＝0 then 双手按下操作台按钮，检查工件 1
    bProgStart：＝false；                         将布尔变量设为"假"，避免循环
    Setdo doD _ 00 _ RobHome，0；                 机器人回到零位
    Setdo doD _ 06 _ AllReady，0；                准备就绪灯亮
    ChkProduct2；                                 检查工件 2（子程序）
    PickProduct2；                                拿起工件 2（子程序）
    PulseDO\PLength：＝0.5，                       等待 0.5s，输出信号
    doD _ 04 _ PutPartOk；
    WaitWeldOk；                                  等待焊接
    OpenAllCyl；                                  打开全部气缸
    PickWeld1；                                   拿起焊件
    Setdo doD _ 07 _ WeldOk，1；                  焊接完成灯亮
    Setdo doD _ 00 _ RobHome，1；                 机器人回零点
    bProgStart：＝false；                         布尔变量设为假（重复确认）
```

2. 搬运机器人初始化程序

主程序中的"InitAll"子程序为初始化程序，目的是检测焊接机器人是否回到原点（或安全位置）。通过传感器确认双手按钮是否按下（如果没有按下，则红灯亮，蜂鸣器报警），工件台上是否有工件（如果没有，则红灯亮，蜂鸣器报警）以及变位机上夹具是否打开，是否有工件（如果没有，则红灯亮，蜂鸣器报警）。只有红灯不亮，蜂鸣器不再有报警提示时，程序才能正常运行。

```
PROC InitAll（）             初始化子程序
    bProgStart：＝FALSE；     双手按钮设为假
    bWeldOk：＝FALSE；        焊接完成设为假
    TrapEvent；              启动中断程序
    ResetIO；                重设 IO
    MoveHomeSafe；           回原点
```

CheckRdy;　　　　　　　　　　　　检查工件

ENDPROC

3. 检查工件子程序

编写 ChkProduct 子程序是为了在搬运机器人运行前，检查夹具上是否有工件。

1）如果两个工件有一个不在夹具上，红灯亮，蜂鸣器报警，等待检修。检修完毕后，红灯灭，然后返回 tryagain 程序重试，直到夹具上摆放两个工件。

2）如果变位机的空位上有工件或其他物品，红灯亮，蜂鸣器报警，等待检修。检修完毕后，红灯灭，然后返回 tryagain 程序重试。

3）如果焊后放工件的位置上有东西，则红灯亮，蜂鸣器报警，等待检修。检修完毕后，红灯灭，然后返回 tryagain 程序重试。

PROC ChkProduct2（）	检查工件 2 子程序
TryAgain;	
If diD _ 14 _ Pipe2Rdy＝0 or diD _ 13 _ Pipe1Rdy＝0 then	如果两个工件有任意一个不在其位
TPErase;	擦屏
TPWrite" pls check the sensor or	写屏报错
Is there any part in part table";	
TPWrite"......";	写屏报错
setdo do03 _ Red, 1;	红灯亮
stop;	停止，等待检修
setdo do03 _ Red, 0;	红灯灭
goto TryAgain;	返回 tryagain 重试
Endif	
If di15 _ Part2PutOk＝1 or di16 _ Part1PutOk＝1 then	如果变位机上两个空位上至少有一个有东西
TPErase;	擦屏
TPWrite" pls check the sensor or	写屏报错
Is there any part in clamper";	
TPWrite"......";	写屏报错
setdo do03 _ Red, 1;	红灯亮
stop;	停止，等待检修
setdo do03 _ Red, 0;	红灯灭
goto TryAgain;	返回 tryagain 重试
Endif	
If diD _ 09 _ PutOkTbl2＝1 then	如果焊后放置工件的位置有东西
TPErase;	擦屏
TPWrite" pls check the sensor or	写屏报错
Is there any part in product table";	
TPWrite"......";	写屏报错
setdo do03 _ Red, 1;	红灯亮

```
        stop;                                          停止，等待检修
        setdo do03 _ Red，0;                          红灯灭
        goto TryAgain;                                返回 tryagain 重试
    Endif
ENDPROC
```

4. 拿起工件放到夹具上的子程序

编写 PickProduct 子程序，需要用到 TcpGun、GripOpen、GripClose、Cylinder1Close 这四条指令。TcpGun 是为了清除焊枪喷嘴内金属飞溅物，减少焊缝的缺陷产生；GripOpen、GripClose 是控制 2400 搬运机器人夹具的打开和闭合的指令；Cylinder1Close 是控制变位机上夹具打开和闭合的指令。编写 PickProduct2 子程序很简单，也很繁琐：简单的是没有太多复杂的逻辑，不用考虑机器人、夹具之间的关系，把 MoveJ、MoveL 运用好就可以；繁琐的是要求的点非常精确，在这个子程序中需要确定的点非常多。

```
PROC PickProduct2 （）                              移动工件 2 子程序
    MoveJ phome，v200，z10，TcpGun;               回原点，清枪
    MoveJ * ，v200，z10，TcpGun;                   移动
    MoveL * ，v200，fine，TcpGun;                  移动
    GripClose;                                     关闭夹具，拿起工件 1
    MoveL * ，v200，z10，TcpGun;                   移动
    MoveL * ，v200，fine，TcpGun;                  移动
    GripOpen;                                      打开夹具，放下工件 1
    MoveL * ，v200，z1，TcpGun;                    移动
    MoveL * ，v200，z1，TcpGun;                    移动
    Cylinder1Close;                                关闭第一个气缸
    MoveJ * ，v200，z10，TcpGun;                   移动
    MoveL * ，v200，fine，TcpGun;                  移动
    GripClose;                                     关闭夹具，拿起工件 2
    MoveL * ，v200，z10，TcpGun;                   移动
    MoveL * ，v200，fine，TcpGun;                  移动
    GripOpen;                                      打开夹具，放下工件 2
    MoveL * ，v200，z1，TcpGun;                    移动
    MoveL * ，v200，z1，TcpGun;                    移动
    Cylinder2Close;                                关闭气缸 2——横向气缸
    WaitTime 1;                                    等待 1s
    Cylinder3Close;                                关闭气缸 3
    MoveJ * ，v200，z10，TcpGun;                   移动
    MoveJ * ，v200，z10，TcpGun;                   移动
ENDPROC
```

5. 等待焊接程序

编写 WaitWeldOk 子程序时，将"焊接完成"设置为假，则程序一直循环，直到所有程序执行完毕，跳出循环，不再等待。运行下一子程序，即拿焊件程序。

```
PROC WaitWeldOk ()                        等待焊接完成子程序
While bWeldOk=false do                     如果焊接完成的布尔变量值为假
    TPErase;                               擦屏
    TPWrite" Waiting for the Weld Robot to  写屏报错
finish welding";
    TPWrite"...... ";                      写屏报错
    TPWrite"...... ";                      写屏报错
    Waittime0.5;                           等待0.5s
    Endwhile
    bWeldOk: =false;                       将焊接完成布尔变量设为假
ENDPROC
......一直循环, 直到输入的布尔变量值变为真, 则跳出循环, 不再等待。
PROC recycle ()
TPErase;                                   擦屏
TPWrite" Welding is finished";            写屏: 焊接完成
TPWrite" Waiting for another cycle";       写屏: 等待下次焊接
TPWrite".........";                        写屏: ......
waittime 1;                                等待1s
ENDPROC
```

6. 拿起焊件放回原位的子程序

```
PROC PickWeld1 ()                         拿起焊件子程序
    MoveJ *, v200, z10, TcpGun;           移动
    MoveL *, v200, fine, TcpGun;          移动
    GripClose;                            夹具夹紧, 拿起焊件
    MoveL *, v200, z1, TcpGun;            移动
    MoveJ *, v200, fine, TcpGun;          移动
    GripOpen;                             夹具松开, 放下焊件
    MoveL *, v200, z10, TcpGun;           移动
    MoveL *, v200, z10, TcpGun;           移动
    MoveJ phome, v200, z10, TcpGun;       回原点
    ENDPROC
```

(二) 焊接机器人 (1400 机器人) 主程序

搬运机器人把工件从夹具台上搬运到变位机上, 变位机上的夹具闭合, 牢固地夹紧工件后, 搬运机器人给焊接机器人发送焊接指令。焊接机器人接到指令后, 移动到指定位置并进行焊接。焊接完成后, 指示灯灭, 准备就绪灯亮, 将焊接完成设置成假 (为下一次焊接做准备)。

```
PROC main ()
    InitAll;                              初始化程序
    while true do                         初始化程序设置的条件为 True 时,
                                          运行下面程序
        if bProgStart =true and bPutPartOk 双手按钮按下、产品放置好, 并且为
```

＝true and di05 _ Product1	产品 1 时
＝1 then	
setdo do02 _ WeldOk，0；	焊接完成灯灭
setdo do01 _ AllReady，1；	准备就绪灯亮
bProgStart：＝FALSE；	将布尔变量设为"假"，避免循环
bPutPartOk：＝false；	产品放置好，布尔变量设为假
rWeldProduction1；	焊接产品 1
PulseDO\PLength：＝0.5，	等待 0.5s，输出焊接完成
doD01 _ WeldOk；	
setdo do02 _ WeldOk，1；	焊接完成灯亮
setdo do01 _ AllReady，0；	准备就绪灯灭
nCounter：＝nCounter＋1；	计数

【知识拓展】

<h3 style="text-align:center">传感器在工业机器人中的应用</h3>

工业机器人的准确操作取决于对其自身状态、操作对象及作业环境的准确认识。这种认识是通过传感器实现的。机器人自身状态信息的获取通过其内部传感器（位置、位移、速度、加速度等）获取，并为机器人控制单元反馈信息；对操作对象与外部环境的认识通过外部传感器获得。

一、传感器的基本概念

传感器是一种检测装置，能感受到被测量的信息，并可将检测感受到的信息，按一定规律转换成为电信号或其他可供测量的信号输出，以满足信息的传输、处理、存储、显示、记录和控制等要求，是被测信号输入的第一道关口，是实现自动控制和自动检测的首要环节。

1. 传感器的定义

广义：传感器是一种能把感受的特定信息（物理、化学、生物的被测量），按一定规律转换成某种可用信号输出的器件或装置。

狭义：传感器是把被测的非电量信息转换成电信号输出的装置。

2. 传感器的组成

传感器主要由敏感元件（热敏元件、磁敏元件、光敏元件等）和转换元件及信号转换电路等部分组成，如图 5-8 所示。

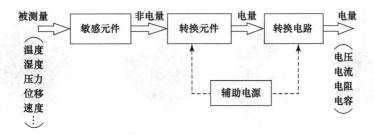

图 5-8　传感器的组成

敏感元件：能直接感受特定信息（被测量）的部分。

转换元件：将敏感元件感受的特定信息（被测量）转换成适于传输或测量的电信号部分。

3. 传感器的种类

传感器的种类繁多，分类方法也五花八门，目前还没有统一的分类标准。在实际测试中，一种物理量可以用不同类型的传感器测量，同一种类型的传感器也可以测量不同的物理量。

较常用的传感器分类方法有以下三种：

（1）按传感器的被测物理量来分　可分为温度、湿度、压力、位移、流量、力、液位、加速度、气体烟雾等传感器。

（2）按传感器的工作原理来分　可分为电阻、电容、电感、电压、霍尔、光电、光栅、热电偶等传感器。

（3）按传感器的输出信号性质分　可分为输出开关量、输出模拟量、输出数字量。

此外还有按传感器能量转换方式、按信号变化特征、按所用材料、按制造工艺等的分类方式。下面介绍几种常用的传感器。

二、位置传感器

位置传感器与位移传感器不同，它不是测量一段距离的变化量，而是确定被测物是否到达某一位置。因此，它只需要产生能反映某种状态的开关量就可以了。位置传感器分接触式和接近式两种。

所谓接触式传感器就是能获取两个物体是否已接触的信息的一种传感器；而接近式传感器是用来判别在某一范围内是否有某一物体的一种传感器。

1. 接触式位置传感器

这类传感器包含微动开关、行程开关等，属于触点器件类传感器，是一种将机械信号转换为电气信号，以达到控制目的的自动控制电器。传感器实物图片如图5-9所示。

图5-9　传感器实物图片

（1）微动开关　微动开关是一种受外力作用而迅速动作的快速开关，也称触点开关，由传动元件、触点、速动机构和外壳组成。

其工作原理是：外力通过传动元件（按销、按钮、杠杆、滚轮等）作用于动作簧片上，当动作簧片位移到动作临界点产生瞬时动作，使动作簧片末端的动触点与定触点快速接通或断开。当传动元件上的外力移去后，动作簧片产生反向动作力，当传动元件反向行程达到簧片的动作临界点后，瞬时完成反向动作，使触点复位。微动开关的触点间距小、动作行程短、按动力小、通断迅速。其触点的动作速度与传动元件动作速度无关。

根据按压传动元件的不同，可分为按钮式、簧片滚轮式、长动臂式、短动臂式等。

（2）行程开关　行程开关是利用机械运动部件的碰撞，使其触点动作来实现接通或切断控制电路，达到一定的控制目的。行程开关由操作头、触点系统和外壳组成。

其工作原理与微动开关类似，将行程开关安装在预先安排的位置处，当运动部件移动到此处时，装在运动部件上的挡块撞击行程开关，使行程开关的触点动作，常开触点闭合、常闭触点打开，实现对电路的控制及机构的动作。通常，这类开关被用于控制机械设备的行程、限制机械运动的位置、进行终端限位保护等。

行程开关按其结构可分为直动式、滚轮式、微动式和组合式。

2. 接近式位置传感器

接近式传感器是用来判别在某一范围内是否有某一物体的一种传感器。

接近式传感器按工作原理主要分为电磁式、光电式、静电容式、气压式、超声波式等。其基本原理如图 5-10 所示。

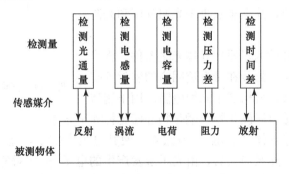

图 5-10　接近式位置传感器基本原理

接近式传感器在工业自动化控制、航天、航海等技术领域广泛应用。在博物馆、仓库、财务室等重要场所的安全防盗系统中也装有接近式传感器。在环境较好的场合，可采用光电式接近传感器。在防盗系统中，多采用红外热释电接近传感器、超声波接近传感器和微波接近传感器。

在焊接机器人的关节上安装接触式或非接触式传感器，接近极限位置时，传感器产生限位停止信号，使机器人停止运动，从而起到保护机器人的作用。

三、光电传感器

光电传感器是用光电元件作为检测元件，将测量到的光信号变化转换为电信号的一种传感器。光电传感器一般由光源、光学通路和光电元件三部分组成，具有结构简单、形式灵活多样、无损伤、非接触等优点，在检测和控制领域得到广泛应用。

1. 光电效应

光电元件是光电传感器中最重要的部件，其工作原理是光电效应。光照射到某一物质上，组成该物质的材料吸收光子能量，引起物质的电性质发生变化的现象称为光电效应。

（1）外光电效应　光照射到物体上，物体中的电子吸收光子能量，从物体表面逸出的现象称为外光电效应。光电管和光电倍增管属于外光电效应的光电转换元件。

（2）内光电效应　内光电效应又可分为光电导效应和光生伏特效应。

光电导效应：光照射到物体上，使物体的电阻率改变，而导致物体的导电能力发生变化的现象称为光电导效应。光敏电阻、光敏二极管、光敏三极管等属于此类内光电效应的光电转换元件。

光生伏特效应：光照射到半导体 PN 结上，激发产生电子空穴对，在自建场的作用下，半导体内部 P 区与 N 区之间产生电压，这种由光而产生电压的现象称为光生伏特效应。各类光电池就是依此原理而制造的光电转换元件。

2. 光电器件

（1）光电管　光电管是一种光敏元件，由封装于真空管内的光电阴极和阳极构成，如图 5-11 所示。当入射光线穿过光窗照到光阴极上时，由于外光电效应，光电子就从极层内发射至真空。在电场的作用下，光电子在极间作加速运动，最后被高电位的阳极接收，在阳极电路内就可测出光电流，其大小取决于光照强度和光阴极的灵敏度等因素。

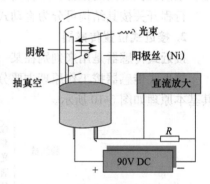

图 5-11　光电管的结构及工作原理

（2）光敏电阻　光敏电阻属半导体光敏器件。将半导体光敏材料做成梳状，封装在带有透明窗的密封管壳内，两端装上电极引线，就构成了光敏电阻。用于制造光敏电阻的材料主要是金属硫化物、硒化物和碲化物等半导体。

当受到光照时，半导体产生电子-空穴对，使其电阻率变小，造成光敏电阻阻值下降。光照越强，阻值越低。光照消失后，由光子激发产生的电子-空穴对复合，光敏电阻的阻值也就恢复原值。在光敏电阻两端的金属电极加上电压，其中便有电流通过。随着光照强度的增强，电阻会变小，电流就会随光照强度的增强而变大，从而实现光电转换。光敏电阻没有极性，是一个纯粹的电阻器件，如图 5-12 所示。

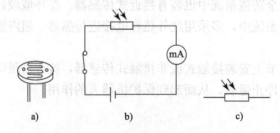

图 5-12　光敏电阻的结构

a）光敏电阻实物　b）光敏电阻基本电路　c）光敏电阻图形符号

（3）光敏二极管　光敏二极管又称光电二极管。结构上与半导体二极管类似，管芯是一个具有光敏特征的 PN 结，同样具有单向导电性。在反向电压作用下工作。无光照时，二极管反向截止，有很小的反向漏电流。当光线照射 PN 结时，可以使 PN 结中产生电子-空穴对，使少数载流子的密度增加，反向漏电流大大增加，形成光电流，光电流随入射光强度的变化而变化。因此可以利用光照强弱来改变电路中的电流。其符号和原理如图 5-13 所示。

（4）光敏三极管　光敏三极管又称光电三极管，是一种光电转换器件，管子的芯片被装在带有玻璃透镜金属管壳内，当光照射时，光线通过透镜集中照射在芯片上。结构与普通三极管相类似。不同之处是光敏三极管必须有一个对光敏感的 PN 结作为感光面，集电极电流不仅受基极电流控制，同时也受光照控制。通常它的引出电极只有集电极 c 和发射极 e 两个引脚，一般没有基极引出线。其基本原理是光照到 P-N 结上时，吸收光能并转变为电能。光敏三极管的集电结为受光结，当光敏三极管加上反向电压时，管子中的反向电流随着光照强度的改变而改变，光照强度越大，反向电流越大。为适应光电转换的要求，基区面积做得较大，发射区面积做得较小，入射光主要被基区吸收。符号和原理如图 5-14 所示。

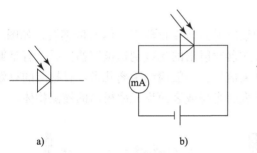

a)　　　　　　　　　　b)

图 5-13　光敏二极管的符号和原理

a）光敏二极管图形符号　b）光敏二极管基本电路

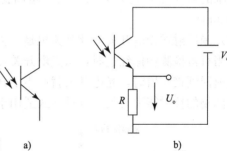

a)　　　　　　　　　　b)

图 5-14　光敏三极管的符号和原理

a）光敏三极管图形符号　b）光敏三极管基本电路

3. 光电开关的作用

光电式传感器属于非接触式传感器，是利用光敏元件对变化的入射光加以接收，并进行光电转换，同时加以某种形式的放大和控制，而获得最终的控制输出"开"、"关"信号的器件。因此可以作为光电开关使用。

例如，焊接机器人在正常工作中，其工作区域禁止人员进入。若有人进入应立即断电，以保证人身安全，因此，常在工作区门口，设有传感器检测装置进行安全检测。可根据情况在门两侧不同高度处，设置多个传感器，检测不同高度的人员或物体，如图 5-15 所示。

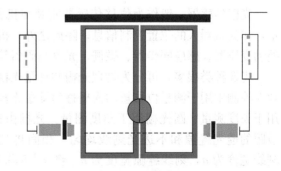

图 5-15　安全检测

光电开关是用来检测物体靠近或通过等状态的光电传感器，由发射器（发出光线）、接收器（光敏元件）及检测电路组成。它是利用被检测物体对光束的遮挡或反射作用，来检测物体的有无。分对射式和反射式，其中反射式又分镜反射式与漫反射式两种。

（1）对射式光电开关　此开关结构上包含两个相互分离且光轴对称放置的发射器和接收

器，如图 5-16 所示，发射器发出的光线直接进入接收器。当被测物体经过发射器和接收器之间并且阻断光线时，接收器接收不到光线而产生一个脉冲信号。对射式光电开关是检测不透明物体的最可靠的检测方式。一般检测距离可达数十米（50m）。

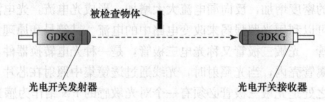

图 5-16　对射式光电开关

（2）镜反射式光电开关　此开关是集发射器与接收器于一体的传感器，光电开关发射器发出的光线到对面的反射镜被反射回接收器，形成闭合光路，如图 5-17 所示。当有被检测物体时，光路中的光被阻断，光束被中断时会产生一个开关信号。这种传感器单侧安装，反射镜光轴的调整比对射式容易，检测距离比对射式短，一般检测距离从几厘米到十几米（0.1～20m）。

（3）漫反射式光电开关　此开关也是一种集发射器与接收器于一体的传感器，如图5-18所示，当有被检测物体经过时，从光电开关发射器发射出的光线到达被测物体后，有足够量的光线返回到接收器时，光电开关就产生了开关信号。一般检测距离几米，且检测的有效距离与被测物的反射能力有关。这种方式适用于表面光亮或表面反光率极高的被测物体。

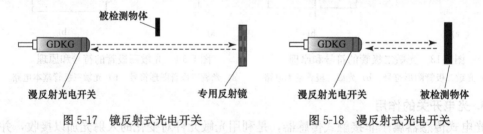

图 5-17　镜反射式光电开关　　　　　　图 5-18　漫反射式光电开关

四、光栅传感器

光栅传感器一般作为位移传感器安装在机器人关节上，用于检测机器人各关节的位移量，作为机器人的位置控制信息。除此之外，机器人上常用的位移传感器还有旋转变压器、差动变压器、感应同步器、磁栅、光电编码器等。

光栅种类很多，可分为物理光栅和计量光栅。物理光栅常用于光谱分析和波长测定，通常在检测中用于测量位移量的光栅称为计量光栅。其按形状可分为长光栅和圆光栅，长光栅用于长度测量；圆光栅用于角度测量。光栅由很多等节距的透光缝隙和不透光刻线均匀、相间排列组成。刻线宽度为 a，刻线缝隙宽度为 b，将 $a+b$ 称为光栅的节距，用 W 表示，简称栅距，如图 5-19 所示，通常取 $a=b=W/2$，常用的栅线密度一般有每毫米 10线、25 线、50 线、100 线等几种，表示为 10 线/mm、25 线/mm、50 线/mm、100 线/mm。标尺光栅的刻

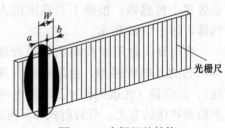

图 5-19　光栅尺的结构

线一般比指示光栅长。

1. 光栅传感器的结构

光栅传感器是根据莫尔条纹原理制成的一种计量光栅，多用于直线位移和角位移的测量。光栅传感器由光源、透镜、光栅副和光敏元件组成，如图 5-20 所示。

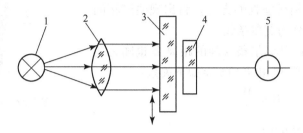

图 5-20　透射光栅传感器的光路
1—光源　2—透镜　3—主光栅　4—指示光栅　5—光电元件

（1）光源　一般用钨丝灯泡，它有输出功率较大、工作温度范围较宽的优点，但是在机械振动和冲击情况下工作时，其寿命将降低，因此必须定期更换灯泡以减小测量误差。近年来半导体发光器件发展很快，如砷化镓发光二极管可以代替钨丝灯泡，可以使光源在触发状态工作，从而减小功耗和热耗散。

（2）透镜　透镜的作用是将光源发出的光转换成平行光。

（3）光栅副　标尺光栅（主光栅）和指示光栅（副光栅）组成光栅副，两者的刻线宽度和间距完全相同。标尺光栅又分透射式光栅和反射式光栅，透射式光栅是将刻线均匀刻在光学玻璃上形成，反射式光栅是将刻线刻在具有较强反射性能的金属板上形成。两块光栅，一块作为定光栅固定不动，另一块作为动光栅，固定在被测的运动物体上。通常在长光栅中，标尺光栅固定不动，指示光栅安装在运动物体上，两者成相对运动；在圆光栅中，指示光栅固定不动，标尺光栅安装在运动部件上随轴转动。

（4）光电元件　光电元件的作用是将光栅副形成的莫尔条纹的明暗强弱变化转换为电量输出，一般采用光电三极管。

2. 光栅传感器的基本原理

以长光栅为例简要介绍透射式光栅的工作原理。

将两块光栅（标尺光栅和指示光栅）叠合在一起，中间留有微小的间隙，并且使它们的刻线之间倾斜一个很小的 θ 角度放置，如图 5-21 所示。

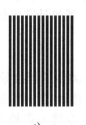

a)　　　　　　　　b)　　　　　　　　c)

图 5-21　透射式光栅的工作原理
a) 标尺光栅　b) 指示光栅　c) 标尺光栅与指示光栅重叠结果

在放大的光栅重叠结果图 5-22 中，由于遮光效应，在图中 d—d 处，两块光栅的刻线相交，光从缝隙透过，此处形成条纹的亮带；而在图中 f—f 处，一块光栅的刻线与另一块光栅的缝隙相交，光被遮挡，此处形成条纹的暗带，在与光栅刻线垂直的方向，将出现明暗相间的条纹，这些条纹就称为莫尔条纹。

如果改变 θ 角，两条莫尔条纹间的距离 B 也随之变化。条纹间距 B 与栅距 W 和夹角 θ 有如下关系：

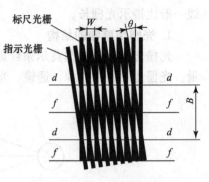

图 5-22 放大的光栅重叠图

$$B = \frac{W}{\theta}$$

式中 B、W 的单位为 mm；

   θ 的单位为 rad。

两块光栅沿着垂立于刻线方向相对移动时，莫尔条纹将沿着刻线方向移动，光栅移动一个节距 W，莫尔条纹也移动一个间距 B。

实际应用中，θ 的取值范围很小，当光栅栅距 W 一定时，可以得到一个很大的莫尔条纹移动量 B。因此，光栅传感器被广泛应用于高精度的位置检测。根据莫尔条纹的形成原理，当莫尔条纹的亮带出现时，相应的光电元件接收到一个幅值比较大的信号；暗带出现时，接收到幅值较小的信号。信号的频率取决于光栅栅距 W，这样就将光栅的位移信号变成了电信号。

由于光栅位移传感器测量精度高（分辨率为 0.1 μm）、动态测量范围广（0～3000mm），可进行无接触测量，而且容易实现系统的自动化和数字化，因此在机械工业中得到了广泛应用。

五、外部信息传感器在电弧焊机器人中的应用

1. 焊缝跟踪系统

图 5-23 为焊缝跟踪系统的应用之一。在垂直于坡口槽面的上方安装一窄缝光发射器，在斜上方用视觉传感器摄取坡口的 V 字形图像，该 V 字形图像的下端就是坡口的对接部位，求出其位置就可控制机器人焊枪沿着坡口对接部位移动，进行焊接。这种方法最重要的两点是：需要不易被污损、可靠性好的视觉传感器和正确、快速地得到消除噪声的图像。图 5-24a 是用 32×32 点状图像视觉传感器得到的原图像；图 5-24b 为二值化处理后的图像；图 5-24c 为用特殊处理回路处理后的图像。图 5-25 为采用磁性接近觉传感器跟踪坡口槽的方法。在坡口槽上方用 4 个接近觉传感器获取坡口槽位置信息，通过计算机处理后实时控制机器人焊枪跟踪坡口槽进行焊接。

2. A700 激光视觉传感器

A700 激光视觉传感器是一种通用的传感系统，用于所有类型的焊接导引和表面检测自动化系统。Meta 公司的 A700 激光视觉传感器是点状扫描非接触式焊缝或者焊道跟踪传感器。它是最新的技术解决方案，用于所有埋弧焊和明弧焊接专机上焊枪位置控制的需要。A700 传感器可以用于 Meta 的控制系统，同焊接机器人和焊接自动化专机配合，为许多复杂难度的应用，提供高级的跟踪解决方案。典型的应用如图 5-26 所示。

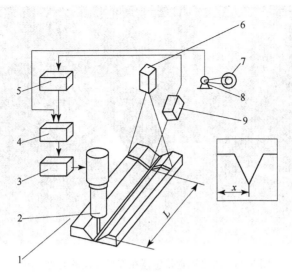

图 5-23　用视觉传感器跟踪坡口槽的系统

1—焊接方向　2—焊枪　3—伺服机构　4—图像处理器
5—前处理器　6—激光束发生器　7—驱动轮
8—回转编码器　9—视觉传感器

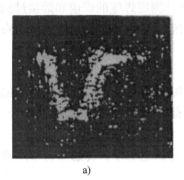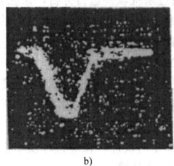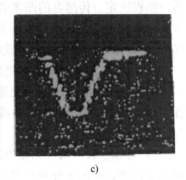

a)　　　　　　　　　　　b)　　　　　　　　　　　c)

图 5-24　弧焊时坡口槽的实时图像处理

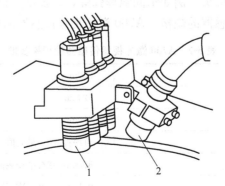

图 5-25　用接近视觉传感器跟踪坡口槽

1—磁性传感器　2—焊枪

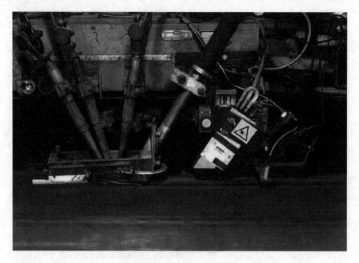

图 5-26　激光视觉传感器在埋弧焊设备上的应用

（1）A700 激光视觉传感器的工作原理　A700 传感器投射并扫描一个高强度的激光点，其范围覆盖焊缝或者焊道。线性摄像机与激光器同步扫描，因此能够获得焊接接头在扫描宽度范围内的完整的三维横截面信息。扫描宽度、每次扫描的像素点数目以及扫描频率都可由用户编程决定。传感器的图像通过系统软件进行分析，系统软件测定焊缝的焊前和焊接过程中的准确位置，并将水平和垂直调整信号传送给运动控制系统，使得焊枪或者超声探伤头100％准确地定位在每个焊缝或者焊道上。

（2）A700 激光视觉传感器的特点

1）灵活性强。A700 激光视觉传感器针对各种不同的接头形式和尺寸可以被优化和编程。这个特点使得 A700 传感器独一无二地能够用于几乎所有的焊缝/焊道跟踪应用场合，与焊接过程无关。

2）可靠性高。每个元器件都专门设计，在焊接环境下能可靠地工作。传感器自带水冷和气帘设施，可用于极端恶劣的工作环境。

3）应用范围广。A700 激光视觉传感器可以运行于所有常规的焊接过程，尤其适合于处理较大和/或较深的焊接接头，例如窄间隙埋弧焊，以及反光材料的焊接。

（3）A700 激光视觉传感器的规格　A700 激光视觉传感器的规格参数见表 5-2。

表 5-2　A700 激光视觉传感器的规格参数

标准安装高度	200mm
最小测量距离	120mm
最大的测量距离	450mm
视场	可编程（0～最大值）
最大的视场	80mm，在标准安装高度下
水平分辨率	0.15mm，在标准安装高度下
垂直分辨率	0.25mm，在标准安装高度下
垂直像素点	1024

（续）

水平扫描点的数量	可编程（1～100）
扫描速度	可编程（1～100 scans/sec）
最大数据范围	20MHz
扫描方向	双向（左到右或右到左）
激光器功率	30mW 连续可见激光，class ⅢB 5mW 连续可见激光，class ⅢA（需特殊提出）
尺寸	50mm×76mm×130mm

【任务实施】

任务书2

姓　名		任务名称	圆管对接接头的焊接与编程
指导教师		同　组　人	
计划用时		实施地点	弧焊机器人实训室
时　间		备　注	
任务内容			

使用由搬运机器人、焊接机器人和变位机组成的弧焊机器人系统进行低碳钢圆管对接焊。两管对接不预留间隙，要求实现全自动焊接过程。

考核项目	编写程序之前应进行的检查项目
	识读初始化子程序
	变位机旋转
	焊枪绕工件旋转

任务准备		
资料	工具	设备
机器人实训设备说明书	常用工具	焊接机器人 搬运机器人 焊机 保护气 空压机 气瓶
机器人安全操作规程		

任务完成报告 2

姓　名		任务名称	圆管对接接头的焊接与编程
班　级		小组成员	
完成日期		分工内容	

1. 写出在编写程序之前应进行的检查内容。

2. 如何初始化子程序？

3. 怎样实现焊枪与变位机的配合？

学生自评表　　　　　　　　　　年　　月　　日

项目名称	典型接头焊接与编程	
学生姓名		班级
评价项目	评价内容	评价结果（好、较好、一般、差）
专业能力	知道 I/O 信号的意义	
	知道程序初始化应检查的项目	
	基本能够进行平板对接的编程与焊接	
	基本能够进行管对接的编程与焊接	
方法能力	会查阅和使用相关标准和说明书	
	能够遵守安全操作规程	
	能够对自己的学习情况进行总结	
	能够如实对自己的工作情况进行评价	
社会能力	能够积极参与小组讨论	
	能够接受小组的分工并积极完成任务	
	能够主动对他人提供帮助	
	能够正确认识自己的错误并改正	
自我评价及反思		

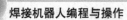

学生互评表　　　　　　年　月　日

项目名称	典型接头焊接与编程		
被评价人		班级	
评价人			
评价项目	评价标准		评价结果
团队合作	A. 合作融洽		
	B. 主动合作		
	C. 可以合作		
	D. 不能合作		
学习方法	A. 学习方法良好，值得借鉴		
	B. 学习方法有效		
	C. 学习方法基本有效		
	D. 学习方法存在问题		
专业能力（勾选）	知道I/O信号的意义		
	知道程序初始化应检查的项目		
	基本能够进行平板对接的编程与焊接		
	基本能够进行管对接的编程与焊接		
	能够按要求完成任务		
综合评价			

教师评价表　　　　　　年　　月　　日

项目名称	典型接头焊接与编程	
学生姓名		班级
评价项目	评价内容	评价结果（好、良好、一般）
专业认知能力	能够理解任务要求的含义	
	知道 I/O 信号的意义	
	知道程序初始化应检查的项目	
	能够遵守安全操作规程	
	能够正确填写试验报告记录	
专业操作技能	能够进行程序初始化前的各项检查	
	基本能够进行平板对接的编程与焊接	
	基本能够进行管对接的编程与焊接	
	能够正确使用设备和相关工具	
社会能力	能够与他人合作	
	能够接受小组的分工	
	能够主动对他人提供帮助	
	善于表达和交流	
综合评价		

【学后感言】

【思考与练习】

1. 弧焊机器人工作站由哪几部分组成？各部分功能是什么？
2. 平板对接接头焊编程时，焊接机器人主程序编程包含哪些步骤？
3. 圆管对接接头焊编程时，搬运机器人主程序编程包含哪些步骤？

项　目 6

工业机器人的离线编程

【学习目标】

知识目标

1）了解工业机器人离线编程系统的组成。

2）了解工业机器人的离线编程方法。

3）了解 ABB 焊接仿真工作站的使用。

技能目标

1）正确理解离线编程系统。

2）能够使用 ABB 焊接仿真工作站软件进行简单的离线编程。

【工作任务】

在工业机器人的离线系统（ABB 焊接机器人仿真工作站）中编程。

机器人编程是指为了使机器人完成某项作业而进行的程序设计。早期的机器人只具有简单的动作功能，采用固定的程序进行控制，动作适应性较差。随着机器人技术的发展及对机器人功能要求的提高，需要一个机器人能通过相应的程序完成各种工作，并具有较好的通用性。因此，机器人编程语言的研究变得越来越重要，机器人语言也层出不穷。

【知识准备】

一、机器人编程方法

目前，应用于机器人的编程方法主要有三种。

1. 示教编程

示教编程是一项成熟的技术，它是目前大多数工业机器人的主要编程方式。采用这种方法时，程序编制是在机器人现场进行的。首先，操作者必须把机器人终端移动至目标位置，并把此位置对应的机器人关节角度信息写入存储单元，这是示教过程。当要求复现这些动作时，顺序控制器从存储单元中读出相应位置，机器人就可重现示教时的轨迹和各种操作。示教方式有多种，常见的有手把手示教和示教器示教。手把手示教要求用户使用安装在机器人手臂内的操纵杆，按给定运动顺序示教动作内容。示教器示教则是利用装在示教器上的按钮或摇杆驱动机器人按需要的顺序进行运动。

示教编程是目前广泛使用的一种编程方式。在示教编程方式中，为了示教方便及信息获取快捷、准确，操作者可以选择在不同坐标系下示教。例如，可以选择在关节坐标系、直角坐标系、工具坐标系或用户坐标系下进行示教。

示教编程的优点是，只需要简单的设备和控制装置即可进行示教，操作简单、易于掌握，而且示教再现过程很快，示教之后马上即可应用。然而，它的缺点也是明显的，如：

1) 编程占用机器人操作时间。

2) 很难规划复杂的运动轨迹及准确的直线运动。

3) 难以与传感信息相配合。

4) 难以与其他操作同步。

2. 机器人语言编程

机器人语言编程是指采用专用的机器人语言来描述机器人的运动轨迹。机器人语言编程实现了计算机编程，并可以引入传感信息，从而提供了一个解决人与机器人通信问题的更通用的方法。机器人编程语言具有良好的通用性，同一种机器人语言可用于不同类型的机器人。此外，机器人编程语言可解决多个机器人间的协调工作问题。目前应用于工业中的机器人语言是动作级和对象级语言。

3. 离线编程

离线编程是在专门的软件环境下，用专用或通用程序在离线情况下进行机器人轨迹规划编程的一种方法。离线编程程序通过支持软件的解释或编译产生目标程序代码，最后生成机器人路径规划数据。一些离线编程系统带有仿真功能，可以在不接触实际机器人工作环境的情况下，在三维软件中提供一个和机器人进行交互作用的虚拟环境。

表 6-1 所示为示教编程与离线编程两种方式的对比。

表 6-1　示教编程与离线编程的对比

示教编程	离线编程
需要实际机器人系统和工作环境	需要机器人系统和工作环境的图形模型
编程时，机器人停止工作	编程不影响机器人正常工作
在实际系统上试验程序	通过仿真试验程序
编程的质量取决于编程者的经验	可用 CAD 方法进行最佳轨迹规划
难以实现复杂的机器人运行轨迹	可实现复杂运行轨迹的编程

与示教编程相比，离线编程具有如下优点：

1) 减少机器人不工作时间。当对机器人下一个任务进行编程时，机器人仍可在生产线上工作，编程不占用机器人的工作时间。

2) 使编程者远离危险的工作环境。

3) 使用范围广。离线编程系统可对机器人的各种工作对象进行编程。

4) 便于和 CAD/CAM 系统结合，离线编程系统已做到 CAD/CAM/Robotics 一体化。

5) 可使用高级计算机编程语言对复杂任务进行编程。

6) 便于修改机器人程序。

二、机器人离线编程系统的组成

离线编程系统是当前机器人实际应用的一个必要手段，也是开发和研究任务级规划方式的有力工具。离线编程系统主要由用户接口、机器人系统三维几何构型、运动学计算、轨迹规划、三维图形动态仿真、通信接口和误差校正等部分组成，其相互关系如图 6-1 所示。

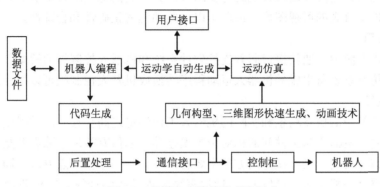

图 6-1　机器人离线编程系统组成

1. 用户接口

离线编程系统的一个关键问题是能否方便地生成三维模拟环境，便于人机交互。因此，用户接口是很重要的。工业机器人一般提供两个用户接口，一个用于示教编程，另一个用于语言编程。示教编程可以用示教器直接编制机器人程序；语言编程则是用机器人语言编制程序，使机器人完成给定的任务。目前两种方式已广泛地应用于工业机器人。

由机器人语言发展形成的离线编程系统把机器人语言作为用户接口的一部分，用机器人语言对机器人运动程序进行编辑。用户接口的语言部分具有与机器人语言类似的功能，因此在离线编程系统中需要仔细设计。为便于操作，用户接口一般设计成交互式，用户可以用鼠标标明物体在屏幕上的方位，并能交互修改环境模型。

2. 机器人系统的三维几何构型

离线编程系统的一个基本功能是利用图形描述对机器人和工作单元进行仿真，这就要求对工作单元中的机器人所有的夹具、零件和刀具等进行三维实体几何造型。目前，用于机器人系统三维几何造型的方法主要有三种：结构的立体几何表示、扫描变换表示、边界表示。其中，最便于计算机运算、修改和显示的是边界表示方法；而结构的立体几何表示方法所覆盖的形体种类较多；扫描变换表示方法则便于生成轴对称的形体。

为了构造机器人系统的三维模型，最好采用零件和工具的 CAD 模型，直接从 CAD 系统获得，使 CAD 数据共享。由于对从设计到制造的 CAD 集成系统的需求越来越迫切，所以大部分离线编程系统囊括了 CAD 建模子系统或把离线编程系统本身作为 CAD 系统的一部分。若把离线编程系统作为单独的系统，则必须具有适当的接口，以实现与外部 CAD 系统间的模型转换。

3. 运动学计算

运动学计算就是利用运动学方法在给出机器人运动参数和关节变量值的情况下，计算出机器人的末端位姿；或者是在给定末端位姿的情况下计算出机器人的关节变量值。

4. 轨迹规划

在离线编程系统中，除需要对机器人的静态位置进行运动学计算之外，还需要对机器人的空间运动轨迹进行仿真。不同机器人生产厂家所采用的轨迹规划算法有较大差别，因此，离线编程系统须对应机器人控制柜所采用的算法进行仿真。

5. 三维图形动态仿真

机器人动态仿真是离线编程系统的重要组成部分，它能逼真地模拟机器人的实际工作过程，为编程者提供直观的可视图形，进而可以检验编程的正确性和合理性。

6. 通信接口

在离线编程系统中，通信接口起着连接软件系统和机器人控制柜的桥梁作用。利用通信接口，可以把仿真系统所生成的机器人运动程序转换成机器人控制柜可以接受的代码。

7. 误差校正

离线编程系统中的仿真场景和实际的机器人工作环境之间存在一定的误差，如机器人自身结构上的误差、机器人与工件间的相对位置误差等。如何有效地消除误差是离线编程系统得以应用的关键。目前，校正误差的方法主要有两种：一是用基准点方法，即在实际工作空间内选择基准点（一般是3个点以上），通过离线编程系统的计算，得出两者之间的差异补偿函数，这种方法主要用于喷涂等精度要求不高的场合；二是利用传感器形成反馈，即在离线编程系统提供机器人位置的基础上，通过传感器进行精确定位，这种方法主要用于装配等精度要求高的场合。

三、ABB 离线编程系统

1. 安装 License

RobotStudio5.09 是 ABB 公司开发的机器人离线编程软件。该软件是网络版，有一定的使用期限，超过期限后软件将不能运行，用户需要向 ABB 公司申请 License 文件，安装之后才能重新运行。安装 License 的步骤如下：

1）单击"开始/所有程序/ABB Industrial IT/Robotics IT/Licensing/Software Product Administrator"，打开"ABB Software Product Administrator"界面，如图 6-2 所示。

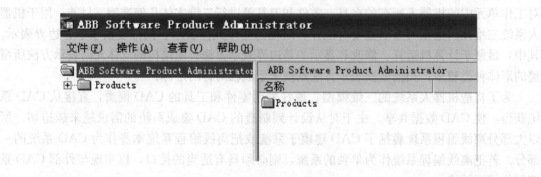

图 6-2 "ABB Software Product Administrator"界面

2) 单击"操作", 在下拉菜单中选择"Specify License Server…", 界面如图 6-3 所示。

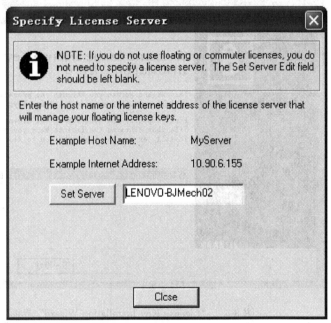

图 6-3　"Specify License Server"界面

3) 在"Specify License Server"界面中, 确认"Set Server"按钮右边的文本框内为申请密码时使用的用户名, 如"LENOVO-BJMech02", 单击"Set Server"按钮。

4) 关闭所有打开的界面。

5) 单击"开始/所有程序/ABB Industrial IT/Robotics IT/Licensing/License Key Installation Wizard", 打开"License Key Installation Wizard"界面, 如图 6-4 所示。

6) 单击"Browse"按钮, 选择 License 文件, 单击"下一步"按钮进入下一界面, 如图 6-5 所示。

7) 选中"Install the floating license keys on the License Server computer"复选项, 单击"Install"按钮即可完成 License 安装。

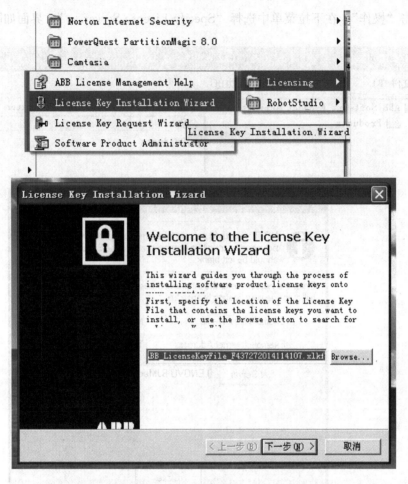

图 6-4 "License Key Installation Wizard" 界面

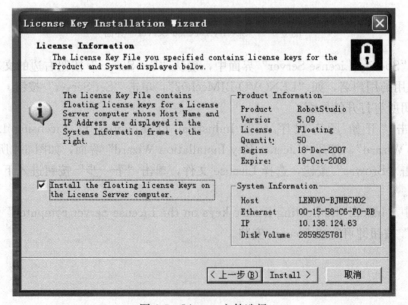

图 6-5 License 文件选择

2. 导入仿真工作站

首先将仿真工作站文件"A4322-1390＝Beijing Mech_ver02"复制到文件夹"E:\ABB RS Station"中，将仿真机器人系统文件"IRB1410_5kg_1.44m_A4322-1390_ver02"、"IRB2400_16kg_1.5m_A4322-1390_ver02"及备份复制到文件夹"E:\ABB Robotics"中。然后，按照以下步骤完成工作站的导入操作。

1）双击工作站文件"A4322-1390＝Beijing Mech_ver02"，打开 RobotStudio5.09 软件。系统将会提示"……系统似乎被移动或删除。想要手动查找此系统目录吗?"选择"是"，找到"E:\ABB Robotics"中的仿真系统位置，如图 6-6 所示。

图 6-6　打开工作站文件

2）打开工作站后，首先单击工具栏中的"保存"按钮，如图 6-7 所示。

3）单击"控制器"菜单中的"Virtual FlexPendant"选项，在"选择系统"界面中选择需要的虚拟示教器系统，相应的虚拟示教器即可打开。

第一次启动虚拟示教器时，由于软件设置的原因，示教器上的"自动生产窗口"界面中会显示"程序指针不可用"的信息。

4）单击示教器左上角的"ABB"按钮，将出现示教器的主界面，如图 6-8 所示。

5）单击"备份与恢复"菜单，选择"恢复系统"，用保存在"E:\ABB Robotics"中的备份文件来恢复系统，如图 6-9 所示。

6）重复 3）～5），为第二个系统做恢复。在恢复过程中，虚拟示教器会自动关闭，直至 RobotStudio 软件右下角"控制器状态"变为绿色，表示控制系统重启完成。

7）单击工具栏中的"保存"按钮。至此，仿真工作站已完成导入操作。

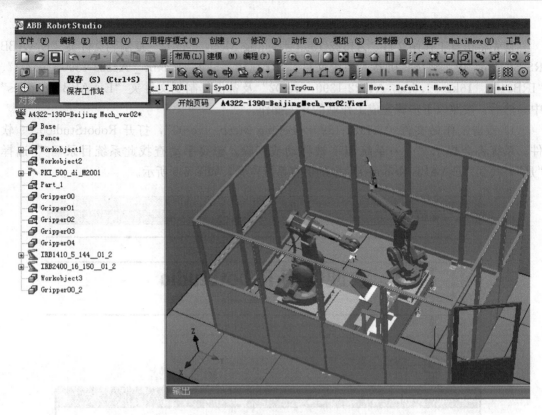

图 6-7　保存工作站窗口

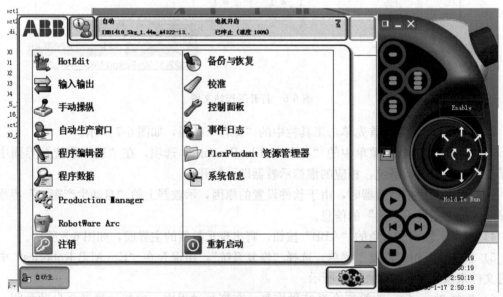

图 6-8　虚拟示教器主界面

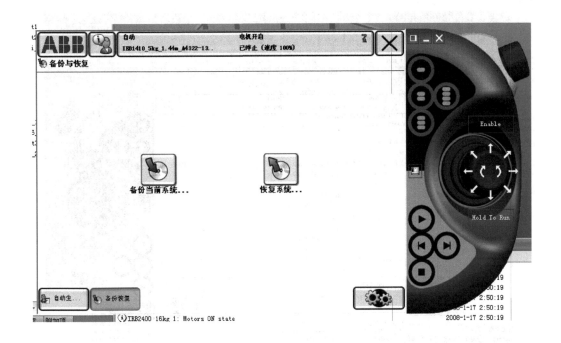

图 6-9　系统备份窗口

3. 仿真工作站基本操作

（1）RobotStudio 基本操作（见表 6-2）。

表 6-2　RobotStudio 基本操作

操作方式	功能描述
鼠标左键单击	选中被单击的物体
Ctrl＋Shift＋鼠标左键	旋转工作站
Ctrl＋鼠标左键	整体移动工作站
Ctrl＋鼠标右键	放大或缩小工作站

（2）虚拟示教器的基本操作

1）打开"E：\ABB RS Station\ A4322-1390＝Beijing Mech_ver02"仿真工作站文件。

2）单击"控制器"菜单中的"Virtual FlexPendant"选项。

3）在"运行系统"界面选中想要打开的机器人示教器，单击"运行 VFP"按钮，则打开虚拟示教器，如图 6-10 所示。

4）单击示教器左上角的"ABB"按钮，进入示教器主界面。在主界面上可实现"手动操纵"、"程序编辑器"及"程序数据"等界面的操作，这些操作与实际的示教器相同。

5）在虚拟示教器右侧，可单击选择机器人运行方式为"自动"或"手动"。另外，还可以单击使能按钮，作用同实际示教器上的使能键。

焊接机器人编程与操作

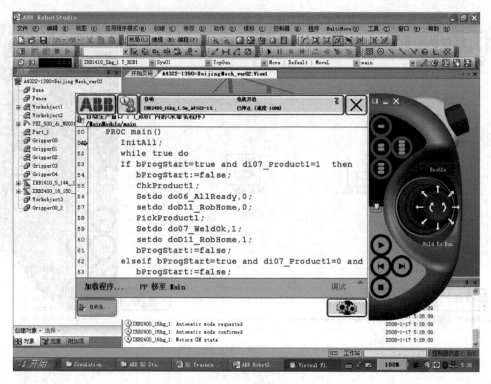

图 6-10 虚拟示教器界面

【任务实施】

任务书

姓 名		项目名称		工业机器人的离线编程
指导教师		同 组 人		
计划用时		实施地点		离线编程实训室
时 间		备 注		
任务内容				
使用 ABB 仿真工作站软件 RobotStudio5.09，建立以自己名字命名的新工作站。使用虚拟示教器进行工业机器人（焊接与搬运）的选型，并控制机器人进行典型焊接接头的离线编程，最后运行、检验编制的程序。				
考核项目		仿真工作站的导入		
		虚拟示教器的使用		
		典型焊接接头的离线编程		
任务准备				
资料		工具		设备
机器人实训设备说明书		常用工具		离线编程软件 电脑
机器人安全操作规程				互联网

126

任务完成报告

姓 名		项目名称	工业机器人的离线编程
班 级		小组成员	
完成日期		分工内容	

1. 写出焊接机器人仿真工作站的导入步骤。

2. 写出虚拟示教器的打开方法。

3. 设计离线编程的焊接项目。

学生自评表		年　　月　　日
项目名称	工业机器人的离线编程	
学生姓名		班级
评价项目	评价内容	评价结果（好、较好、一般、差）
专业能力	能够顺利启动所用软件	
	能够导入机器人工作站	
	会建立新工作站	
	会使用虚拟示教器	
方法能力	会查阅和使用相关标准和说明书	
	能够遵守安全操作规程	
	能够对自己的学习情况进行总结	
	能够如实对自己的工作情况进行评价	
社会能力	能够积极参与小组讨论	
	能够接受小组的分工并积极完成任务	
	能够主动对他人提供帮助	
	能够正确认识自己的错误并改正	
自我评价及反思		

学生互评表　　　　　　　　　　年　　月　　日

项目名称	工业机器人的离线编程		
被评价人		班级	
评价人			
评价项目	评价标准		评价结果
团队合作	A. 合作融洽		
	B. 主动合作		
	C. 可以合作		
	D. 不能合作		
学习方法	A. 学习方法良好，值得借鉴		
	B. 学习方法有效		
	C. 学习方法基本有效		
	D. 学习方法存在问题		
专业能力（勾选）	能够启动所用软件		
	能够导入机器人工作站		
	会建立新工作站		
	能使用虚拟示教器		
综合评价			

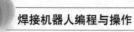

教师评价表			年　月　日
项目名称	工业机器人的离线编程		
学生姓名		班级	
评价项目	评价内容		评价结果（好、良好、一般）
专业认知能力	能够理解任务要求的含义		
	掌握离线编程软件的常用功能		
	了解工业机器人编程的方法		
	掌握虚拟示教器的特点		
	能够正确填写试验报告记录		
专业操作技能	能够顺利启动所用软件		
	能够导入机器人工作站		
	会建立新工作站		
	会使用虚拟示教器的常用功能		
社会能力	能够与他人合作		
	能够接受小组的分工		
	能够主动对他人提供帮助		
	善于表达和交流		
综合评价			

【学后感言】

【思考与练习】

1. 常用的工业机器人编程方法有哪些？
2. 离线编程的优点有哪些？
3. 简述建立机器人新工作站的步骤。

项目 7

等离子弧切割机器人与编程

等离子弧切割是利用高温高冲力的等离子弧为热源，将被切割金属局部熔化，并立即吹除，从而形成狭窄切口的切割方法。其切割过程不是依靠氧化反应，而是靠熔化过程来切割材料，因而其适用范围比氧乙炔切割要大得多，可以配合不同的工作气体切割各种氧乙炔切割难以切割的金属，如不锈钢、铝、铜、钛、镍等材料都可以采用等离子弧切割。

等离子弧切割机器人就是利用工业机器人与等离子弧切割机组成机器人工作站进行等离子弧切割。该工作站可以将等离子弧切割与工业机器人的优点结合起来，实现各种材料、各种形状的零件或产品的精密切割，如图 7-1 所示。

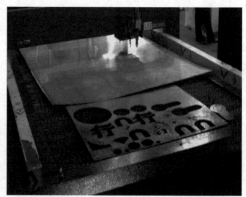

图 7-1　等离子弧切割的图案

【学习目标】

知识目标

1）掌握等离子弧切割机器人运动指令及其应用。

2）掌握等离子弧切割机器人编程技术。

技能目标

1）能在示教器上编辑等离子弧切割系统的切割指令。

2）能利用编程指令结合实际项目编写等离子弧切割机器人程序，且能按要求运行并检测该程序，使割缝符合工艺要求。

任务 1　等离子弧切割机器人系统及指令
任务 2　L 形钢板切割与编程

任务 1　等离子弧切割机器人系统及指令

等离子弧切割适合于所有金属材料和部分非金属材料，是切割不锈钢、铝及铝合金、铜及铜合金等非铁金属的有效方法。最大切割厚度可达到 180～200mm。目前常用于切割厚度 35mm 以下的低碳钢和低合金结构钢。

一、等离子弧切割机器人系统

等离子弧切割机器人系统包含等离子切割装置的机器人切割工作站，一般是由工业机器人本体、控制系统、切割平台、等离子弧切割机及安全防护设备组成，如图 7-2 所示。工业机器人本体采用 ABB 公司生产的 1400 型机器人，所配备的等离子弧切割设备为美国海宝 powermax1250 型等离子弧切割机。

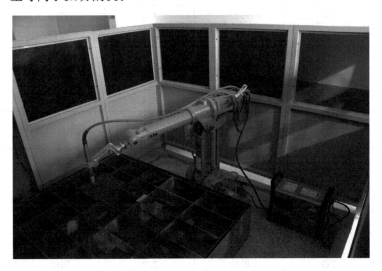

图 7-2　等离子弧切割机器人工作站

二、等离子弧切割工艺及准备

1. 等离子弧切割工艺

等离子弧切割的工艺参数包括切割电流、切割电压、切割速度、气体流量以及喷嘴距工件的高度。美国海宝 powermax1250 型等离子弧切割机，适用于低碳钢、不锈钢及铝板等材料的等离子弧切割工艺参数见表 7-1，表 7-2，表 7-3。

表 7-1　切割低碳钢板时的等离子弧切割工艺参数

切割电流/A	切割电压/V	穿孔延时/s	材料厚度/mm	最大切割速度/(mm/min)	最佳切割速度/(mm/min)
25	147	0	0.5	16205	1054
	148		0.8	12700	8255
	149		1.3	7925	5156
	152		1.5	4470	2896
40	144	0.25	1.9	16256	5613
	146	0.50	3.4	3835	2489
	147	0.75	4.7	2464	1600
	149	1.00	6.4	1880	1219

表 7-2　切割不锈钢板时的等离子弧切割工艺参数

切割电流/A	切割电压/V	穿孔延时/s	材料厚度/mm	最大切割速度/(mm/min)	最佳切割速度/(mm/min)
25	139	0	0.5	16027	10414
	139		0.8	12598	8179
40	142		1.3	15037	8509
	144	0.25	1.5	9500	6172
	144		1.9	5613	3658
	147	0.50	3.4	2718	1778
	149	0.75	4.7	1702	1118
	149	1.00	6.4	1194	787

表 7-3　切割铝板时的等离子弧切割工艺参数

切割电流/A	切割电压/V	穿孔延时/s	材料厚度/mm	最大切割速度/(mm/min)	最佳切割速度/(mm/min)
25	150	0	0.8	15494	10084
	152		1.5	6807	4420
40	146	0.25	2.4	7442	4826
	149	0.50	3.2	5182	3378
	151	1.00	6.4	1930	1245

　　表中所列数据中，最大切割速度为切割材料时可能达到的最快速度，而没有考虑切口质量。最佳切割速度可保证最佳切口角度、最少挂渣和最佳切口表面质量。注意：切割工艺参数表所列出的是为各种切割工作提供良好的参考点。每个切割系统在各种切割条件时都需要对切割参数进行"微调"，才能获得所需的切口质量。

2. 切割机操作面板

　　设备：美国海宝 powermax1250 型等离子弧切割机，如图 7-3 所示。

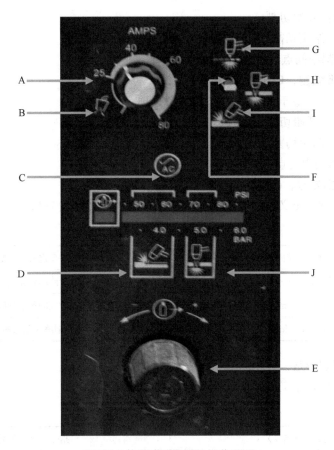

图 7-3　等离子弧切割机操作界面

A—切割电流输出控制旋转开关　（25～80A）

B—气体测试位置

C—上电指示灯

D—气刨模式下的空气压力范围

E—气体压力调节旋钮

F—切割模式选择开关

G—引导电弧控制开关

H—普通的切割模式

I—气刨模式

J—切割模式的空气压力开关

三、编程与切割

等离子弧属于"压缩电弧"，其本质仍然属于电弧，因此电弧焊的基本指令与参数也可用于等离子弧切割，如"ArcL"指令也可实现运动及定位。同样，切割指令也包括三个参数：sm（seam），wd（weld），Wv（weave）。

1. ArcL（直线切割，Linear Cut）

直线切割指令，类似于 MoveL，包含如下 3 个选项：

1）ArcLStart：开始切割。

2）ArcLEnd：结束切割。

3）ArcL：切割中间点。

2. ArcC（圆弧切割，Circular Cut）

圆弧切割指令，类似于 MoveC，包括 3 个选项：

1）ArcCStart：开始切割。

2）ArcCEnd：结束切割。

3）ArcC ：切割中间点。

3. Seam1（切割参数，eamdata）

切割参数的一种，定义起弧和收弧时的相关参数，含义见表 7-4。

表 7-4　定义切割时起弧和收弧的切割参数

切割参数（指令）	指令定义的参数
Purge _ time	气管路的预充气时间
Preflow _ time	保护气的预通气时间
Postflow _ time	收弧时为防止割缝氧化保护气体通气时间

4. Weld1（切割参数，Welddata）

切割参数的一种，定义割缝的切割参数，含义见表 7-5。

表 7-5　定义焊缝的切割参数

切割参数（指令）	指令定义的参数
Cut _ speed	割缝的切割速度，单位是 mm/s
Cut _ voltage	定义割缝的切割电压，单位是 Volt

5. Weave1（切割参数，Weavedata）

切割参数的一种，定义割缝摆动切割时的摆动参数，含义见表 7-6。

表 7-6　定义摆动切割时的摆动参数

切割参数（指令）	指令定义的参数
Weave _ shape	割枪摆动类型，0 表示无摆动
Weave _ type	机器人摆动方式　0 表示机器人所有的轴均参与摆动 1 表示仅手腕参与摆动
Weave _ length	摆动一个周期的长度
Weave _ width	摆动一个周期的宽度
Weave _ height	空间摆动一个周期的高度

6. \On, \Off

\On 可选参数，令切割系统在该语句的目标点到达之前，依照 seam 参数中的定义，预先启动保护气体，同时将切割参数进行数模转换，送往切割机。

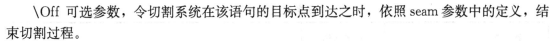

\Off 可选参数，令切割系统在该语句的目标点到达之时，依照 seam 参数中的定义，结束切割过程。

7. 典型切割语句示例

ArcL\On p，V150，Seam1，Weld1，Weave1，fine，gun1

通常，程序中显示的是参数的简化形式，如 sm1、wd1 及 wv 等。

ArcL/On：直线移动切割，预先启动保护气。

p：目标点的位置，同普通的 Move 指令。

V150：单步（FWD）运行时的切割枪移动速度，在切割过程中为 Cut ＿ speed 所取代。

fine：zonedata，同普通的 Move 指令，但切割指令中一般均用 fine。

gun1：tooldata，同普通的 Move 指令，定义工具坐标系参数，一般不用修改。

【任务实施】

任务书 1

姓　名		任务名称		等离子弧切割机器人系统及指令	
指导教师		同　组　人			
计划用时		实施地点		等离子弧切割机器人实训室	
时　间		备　注			
任务内容					
熟练掌握等离子弧切割工艺及参数选择，学会并能熟练使用常用的切割指令，了解各切割参数的含义。					
考核项目		使用常用的直线、圆弧切割指令			
		等离子弧切割机的使用			
		各切割参数的控制			
任务准备					
资料		工具		设备	
机器人实训设备说明书		常用工具		1400 机器人 美国海宝等离子弧切割机 空压机 切割工装平台	
机器人安全操作规程					

任务完成报告 1

姓　名		任务名称	
班　级		小组成员	
完成日期		分工内容	

1. 写出常用的直线、圆弧切割指令语句。

2. 等离子弧切割机主要按键功能。

A——

B——

C——

D——

E——

F——

G——

H——

I——

J——

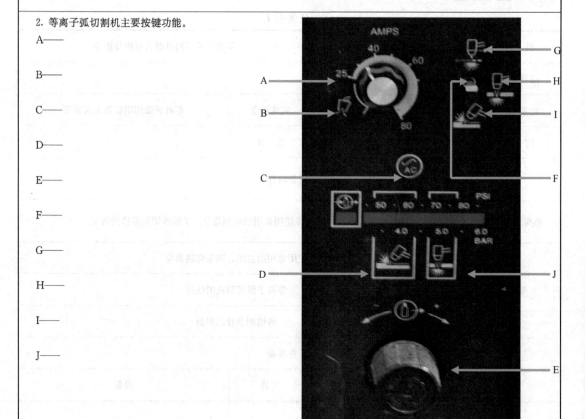

3. 简述语句中各参数的含义。

任务 2   L 形钢板切割与编程

【知识准备】

一、任务说明与准备

工件材料：低碳钢板。

工件尺寸：100mm×50mm/80mm×6mm L 形钢板（图 7-4）。

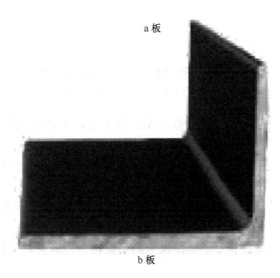

图 7-4   L 形钢板

要求：利用等离子弧切割机器人，在 L 形钢板的 a 板上切割出两个直径为 10mm 的圆孔；在 b 板上切割出平键形（长方形 50mm×20mm＋两半圆半径为 10mm）的孔。

切割参数：见表 7-7。

表 7-7   切割参数

电弧电流/A	弧压/V	穿孔延时/s	材料厚度/mm	最大切割速度/ (mm/min)	最佳切割速度/ (mm/min)
40	149	1.00	6.4	1880	1

二、L 形钢板切割编程

1. 切割操作步骤

（1）准备   将工件安放在切割平台上。

（2）新建程序   打开程序编辑器，新建程序并命名。

（3）确定引弧点   手动操纵等离子弧切割机器人，使割枪对准工件引弧点，选择 ArcL\On。

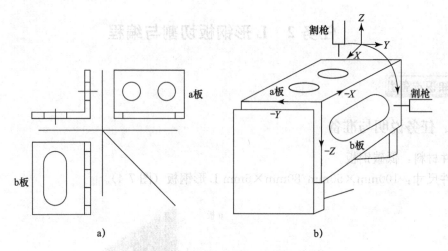

图 7-5　L 形钢板的三视图与切割示意图

a) L 形钢板三视图　　b) L 形钢板切割示意图

（4）编写切割程序　首先，将割枪移动至 a 板上方，以点 P 为原点，编写孔 P 的切割程序；其次，编写孔 P1 的切割程序；待 a 板切割程序编写完成之后，将割枪移动至 b 板上方，编写平键孔的切割程序；待编程完成之后将机器人移动至安全位置。

（5）修改切割参数　按表 7-7 选择和修改各项切割参数。

（6）确定熄弧点　手动操纵等离子切割机器人，将割枪定位到工件上熄弧位置，选择 ArcL\Off。

（7）割枪回原位或规定位置　手动操纵等离子弧切割机器人，使焊枪回到原始位置或者规定位置。

（8）运行程序　首先空载运行所编程序，再进行切割。

2. 等离子弧切割机器人编程

（1）切割 a 板上两圆孔程序　a 板尺寸 100mm×50mm，P 点到 P1 点距离为 50mm，两圆直径均为 10mm，如图 7-6 所示。

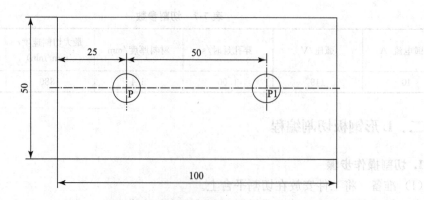

图 7-6　a 板两圆直径为 10mm

a 板圆孔编程程序如下：

MoveL　p，v500，z1，tool1；

MoveL　offs（p，-5，0，0），v500，z1，tool1；

ArcCStart　offs（p，0，5，0），offs（p，-5，0，0），v500，z1，tool1；

ArcCEnd　offs（p，0，-5，0），offs（p，5，0，0），v500，z1，tool1；

MoveL　p1，v500，z1，tool1

MoveL　offs（p1，5，0，0），v500，z1，tool1；

ArcCStart　offs（p1，0，5，0），offs（p1，-5，0，0），v500，z1，tool1；

ArcCEnd　offs（p1，0，-5，0），offs（p1，5，0，0），v500，z1，tool1；

MoveL　p1，v500，z1，tool1

（2）切割 b 板上平键形孔程序　b 板尺寸 100mm×80mm，平键孔的长方形 50mm×20mm，两半圆半径均为 10mm，如图 7-7 所示。

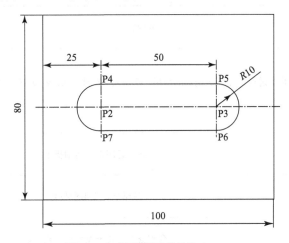

图 7-7　b 板两半圆半径为 10mm

b 板平键孔编程语句如下：

MoveL　p2，v500，z1，tool1；

MoveL　offs（p2，0，0，-10），v500，z1，tool1；

ArcCStart　offs（p2，10，0，0），offs（p2，0，0，10），v500，z1，tool1；

ArcL　offs（p2，-50，0，-10），v500，z1，tool1；

ArcCStart　offs（p3，-60，0，0），offs（p3，-60，0，-10），v500，z1，tool1；

ArcLEnd　offs（p2，0，0，-10），v500，z1，tool1；

【任务实施】

任务书 2

姓 名		任务名称		L 形钢板切割与编程	
指导教师		同 组 人			
计划用时		实施地点		等离子弧切割机器人实训室	
时 间		备 注			
任务内容					
使用等离子弧切割机器人系统进行 L 形低碳钢板的切割。机器人坐标涉及 x、y、z 三个轴，在空间行走切割中要注意它的相对位置。					
考核项目		熟练运用常用切割指令			
		三维坐标点编程技巧			
		合理选择等离子弧切割工艺参数			
任务准备					
资料		工具		设备	
机器人实训设备说明书		常用工具		1400 机器人 美国海宝等离子弧切割机 空压机 切割工装平台	
机器人安全操作规程					

任务完成报告 2

姓　名		任务名称	
班　级		小组成员	
完成日期		分工内容	

1. 常用的切割指令含义。

ArcCStart——

ArcCEnd——

ArcLStart——

ArcLEnd——

2. 三维空间编程中，如何正确识别坐标的正负值。

3. 如何修改切割指令中的各参数。

学生自评表		年　月　日

项目名称	等离子弧切割机器人与编程	
学生姓名		班级
评价项目	评价内容	评价结果（好、较好、一般、差）
专业能力	能够正确使用切割指令	
	能够修改切割参数	
	能够正确运用三维坐标点编程	
	能够正确判断机器人运动是否超出极限	
	新建及编辑的程序能否顺利运行	
	能够进行L形钢板切割的编程与切割	
方法能力	会查阅和使用说明书	
	能够遵守安全操作规程	
	能够对自己的学习情况进行总结	
	能够如实对自己的工作情况进行评价	
社会能力	能够积极参与小组讨论	
	能够接受小组的分工并积极完成任务	
	能够主动对他人提供帮助	
	能够正确认识自己的错误并改正	
自我评价及反思		

学生互评表　　　　　　　　　年　　月　　日

项目名称		等离子弧切割机器人与编程	
被评价人		班级	
评价人			
评价项目	评价标准		评价结果
团队合作	A. 合作融洽		
	B. 主动合作		
	C. 可以合作		
	D. 不能合作		
学习方法	A. 学习方法良好，值得借鉴		
	B. 学习方法有效		
	C. 学习方法基本有效		
	D. 学习方法存在问题		
专业能力 （勾选）	能够正确使用切割指令		
	能够修改切割参数		
	能够正确运用三维坐标点编程		
	能够正确判断机器人运动是否超出极限		
	新建及编辑的程序是否能顺利运行		
	能够进行 L 形钢板切割的编程与切割		
综合评价			

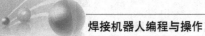

焊接机器人编程与操作

教师评价表			年　月　日
项目名称	等离子弧切割机器人与编程		
学生姓名		班级	
评价项目	评价内容		评价结果（好、良好、一般）
专业认知能力	能够理解任务要求的含义		
	正确理解和使用 Arc 语句		
	能够遵守安全操作规程		
	能够正确填写试验报告记录		
	会查阅和使用相关标准		
专业操作技能	能够正确使用切割指令		
	能够修改切割参数		
	能够正确运用三维坐标点编程		
	新建及编辑的程序能顺利运行		
	能够进行 L 形钢板切割的编程与切割		
	能够正确使用设备和相关工具		
社会能力	能够与他人合作		
	能够接受小组的分工		
	能够主动对他人提供帮助		
	善于表达和交流		
综合评价			

146

【学后感言】

【思考与练习】

1. 等离子弧切割机器人工作站由哪几部分组成？各部分功能是什么？

2. L形钢板切割编程时，有哪些注意事项？

3. L形钢板切割编程时，起弧点的高度应为多少？选择的切割工艺参数值分别为多少？

参 考 文 献

[1] 韩建海. 工业机器人 [M]. 武汉：华中科技大学出版社，2009.
[2] 孙树栋. 工业机器人技术基础 [M]. 西安：西北工业大学出版社，2006.
[3] 张培艳. 工业机器人操作与应用实践教程 [M]. 上海：上海交通大学出版社，2009.
[4] 殷际英，何广平. 关节型机器人 [M]. 北京：化学工业出版社，2003.
[5] 方建军，何广平. 智能机器人 [M]. 北京：化学工业出版社，2004.
[6] 罗均，谢少荣，翟宇毅，等. 特种机器人 [M]. 北京：化学工业出版社，2006.
[7] 雷世明. 焊接方法与设备 [M]. 北京：机械工业出版社，2008.
[8] 李莉. 焊接结构生产 [M]. 北京：机械工业出版社，2008.
[9] 马西秦. 自动检测技术 [M]. 3版. 北京：机械工业出版社，2009.
[10] 梁森，王侃夫，黄杭美. 自动检测与转换技术 [M]. 2版. 北京：机械工业出版社，2005.